3.2.10实例：为素材设置标记点

3.3.5实例：在素材中间插入新的素材

3.4.5实例：制作倒计时片头

3.5.3实例：为素材设置关键帧动画

4.6实例：基本图形的运用

5.1.3实例：为视频素材添加视频效果

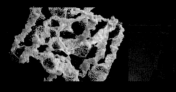

5.5实例：变形类视频特效

5.8实例：画面质量类视频特效

5.11实例：光照类视频特效

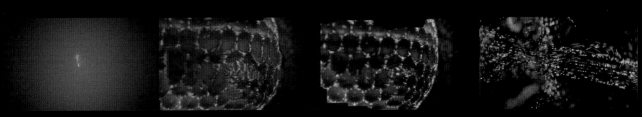

6.5.8实例：MorphCut转场

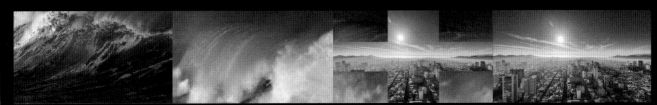

6.6.7实例："中心切入"转场特效

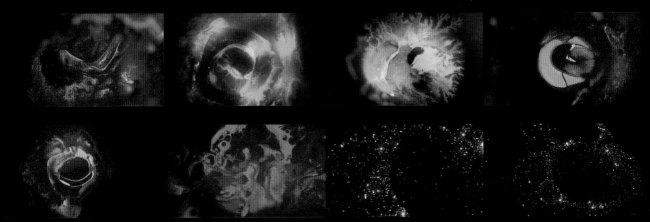

6.7.2实例："交叉缩放"转场特效

6.9.9实例："VR光圈擦除"特效

7.2.4实例：使用颜色替换效果制作视频特效

7.5综合实例：水墨画效果

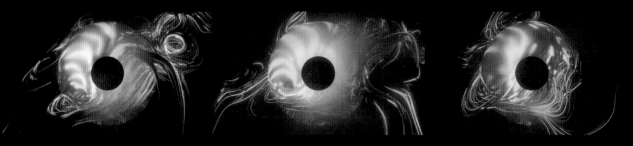

8.1.3实例：调节影片的音效

9.1.5实例： 应用键控特效

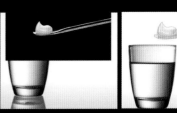

9.4实例：画面亮度抠像效果

11.1动态图形模版图形替换功能

11.2分屏特效

11.3文字遮罩片头

11.4高级轨道遮罩片头

11.5综合案例

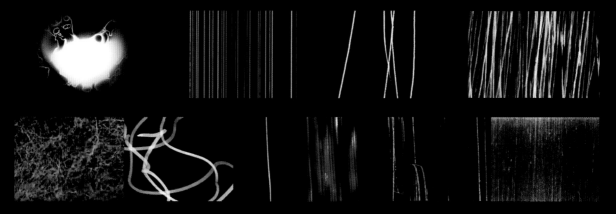

旧胶片素材

环境素材

噪点素材

PR 转场素材 WORKS

01.Line Transitions

02.Damage Transitions

03.Slow Particles Transitions

04.Flare Transitions

05.Dirt Transitions

06.Transitions

沈洁 铁钟 王芳源 / 编著

从 新 手 到 高 手

Premiere Pro
2022 短视频及视频编辑
从新手到高手

清华大学出版社

北京

内 容 简 介

本书的编写目的是让读者尽可能全面地掌握Premiere Pro 2022的使用方法。书中深入浅出地分析了软件的主要功能和命令的使用方法，同时针对全景VR视频的剪辑和特效制作也做了详细的讲解。本书的实例部分由易到难、由浅入深，而且步骤清晰、简明、通俗易懂，适用于不同层次的视频制作工作者和爱好者阅读、练习。本书配有的视频教学资料分为两部分：第一部分为基础教学视频，主要讲解与Premiere Pro 2022相关的基础知识及应用方法；第二部分为实例教学视频，以实例为主，讲解Premiere Pro 2022的进阶应用方法。本书赠送的资源中还收录了大量的视频素材，读者可以根据需要进行练习和使用。

本书讲解深入、细致，具有很强的针对性和实用性，可以作为高等院校相关专业的教材和培训学校的培训教材，也可以作为广大视频剪辑爱好者或从业人员的自学教程和参考书。

图书在版编目（CIP）数据

Premiere Pro 2022短视频及视频编辑从新手到高手 /沈洁, 铁钟, 王芳源编著. -- 北京：清华大学出版社，2022.7

（从新手到高手）

ISBN 978-7-302-61013-7

Ⅰ. ①P… Ⅱ. ①沈… ②铁… ③王… Ⅲ. ①视频编辑软件 Ⅳ. ①TN94

中国版本图书馆CIP数据核字(2022)第097534号

责任编辑：陈绿春
封面设计：潘国文
责任校对：徐俊伟
责任印制：刘海龙

出版发行：清华大学出版社
    网 址：http://www.tup.com.cn，http://www.wqbook.com
    地 址：北京清华大学学研大厦A座 邮 编：100084
    社 总 机：010-83470000   邮 购：010-62786544
    投稿与读者服务：010-62776969，c-service@tup.tsinghua.edu.cn
    质量反馈：010-62772015，zhiliang@tup.tsinghua.edu.cn
印 装 者：天津鑫丰华印务有限公司
经 销：全国新华书店
开 本：188mm×260mm 印 张：18.75 插 页：4 字 数：585千字
版 次：2022年8月第1版   印 次：2022年8月第1次印刷
定 价：99.90元

产品编号：088999-01

前　言

近几年，随着"新视频生态圈"逐渐建立，人们更习惯于通过视频来扩展自己的知识面并与人交流。虽然现在市场上有很多可以帮助人制作和剪辑视频的手机 App，但是随着自媒体的队伍中加入了更多的专业人士，从业者的技术水平也在不断提升，制作的视频作品的质量也在提高。视频行业从业人员不再满足于通过手机 App 进行视频的编辑与制作，此时一款专业的视频剪辑软件出现在人们的视线中，它就是 Premiere Pro，其最新版本为 Premiere Pro 2022。Premiere Pro 以其操作的便捷性和强大的功能一直占据着视频后期编辑软件市场的主导地位，而且新版本的推出使软件的整体性能又得到了一定的提升。作为一款用于高端视频剪辑与制作的专业软件，其经过不断的发展，在众多的视频后期编辑软件中独具特色。

本书适合从事短视频制作、自媒体栏目包装、电视广告编辑与合成的广大初中级从业人员作为自学用书，也适合作为相关院校数字媒体艺术、影视创作和电视编导等专业的教材。

本书配有的视频教学资料分为两部分：第一部分为基础教学视频，主要讲解 Premiere Pro 2022 相关的基础知识及应用方法；第二部分为实例教学视频，以实例为主，讲解 Premiere Pro 2022 的进阶应用方法。

本书共 11 章，内容概述如下。

第 1 章：讲解 Premiere Pro 2022 新增功能和相关基础知识，读者可以对软件有一个整体的认识。

第 2 章：讲解 Premiere Pro 2022 的基础操作方法，通过一个完整的视频制作实例，让读者对视频后期编辑流程有一个宏观的认识。

第 3 章：讲解 Premiere Pro 中视频剪辑所涉及的主要知识。例如，如何将视频素材分割、取舍，并重新排列组合为一个有节奏、有故事性的作品。

第 4 章：讲解 Premiere Pro 多种类型文字的创建及属性编辑方法。

第 5 章：讲解 Premiere Pro 视频效果，全面展示实际工作中经常用到的效果。

第 6 章：讲解 Premiere Pro 转场特效。

第 7 章：讲解 Premiere Pro 的调色技巧，这是视频后期制作的关键技术。

第 8 章：讲解 Premiere Pro 与音频相关的操作与编辑方法。

第 9 章：讲解 Premiere Pro 的遮罩与抠像等特效处理技术。

第 10 章：讲解 Premiere Pro 的视频输出方法，包括文件的封装与格式的类型，以及如何针对不同的播放平台输出视频文件。

第 11 章：通过实例介绍视频剪辑的制作流程，同时还展示了一些应用特效的综合实例。

本书由沈洁、铁钟、王芳源编写，路邵珺、刘凡、曹璠、要中慧等参与了部分章节的编写。本书作为教育部人文社会科学研究项目（21YJC760063）的阶段性成果，得到了上海工程技术大学教材建设项目（J202107002）的支持，鉴于编者水平有限，书中难免有不妥之处，希望广大读者不吝赐教。

本书的配套素材、视频教学文件和赠送的相关素材请扫描下面的二维码进行下载。如果在下载过程中碰到问题。请联系陈老师，联系邮箱为 chenlch@tup.tsinghua.edu.cn。

如果有技术性的问题。请扫描下面的技术支持二维码，联系相关技术人员进行处理。

配套素材　　　　视频教学　　　　赠送素材　　　　技术支持

作者

2022 年 6 月

目 录

第9章　遮罩与抠像

第10章　影片项目的渲染输出

第11章　综合实例

第1章
Premiere Pro概述

PR 是 Premiere Pro 的简称，是由 Adobe 公司开发的，一款功能强大的视频编辑软件。使用该软件可以提升用户的创作能力和自由度，而且该软件还是一款易学、高效、精确的视频剪辑软件。Premiere Pro 提供了采集、剪辑、调色、美化音频、添加字幕、输出视频、DVD 刻录的一整套流程，并与 Adobe 格式的其他软件高效集成，使用户可以从容面对在编辑、制作、工作流上遇到的所有挑战，满足创建高质量视频作品的要求。

1.1　Premiere Pro 2022 的新功能

Adobe 公司在 2021 年 10 月推出了一系列 2022 版本的软件，Premiere Pro 2022 版本所对应的版本号为 22.2，软件的启动界面如图 1.1.1 所示。

图1.1.1

图1.1.2

1.1.1　加快关键编辑工作流程

Premiere Pro 2022 中的新增功能可以显著加快编辑工作流程，包括使用 Adobe Sensei AI 功能对歌曲进行重新排列，以匹配指定持续时间的重新混合等，如图 1.1.2 所示。

1.1.2　"语音到文本"功能

使用"语音到文本"功能，操作者无须连接互联网即可开展工作。

1.1.3　充分利用 CPU 的性能

对于普通计算机，软件的转录速度可提高2倍，而在安装了 Intel Core i9 和 Apple M1 CPU 的高性能计算机上，转录速度可提高3倍，如图1.1.3所示。

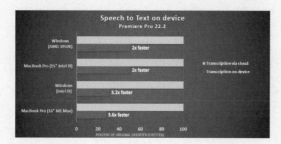

图1.1.3

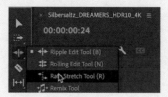

图1.1.4

1.1.4 音频的"重新混合"

使用"重新混合"功能,可以智能调整音乐时间,以便音乐与视频相匹配。使用"重新混合"功能无须费力地进行"剃刀切割"和"交叉淡化"操作,将需要耗费数小时的音乐编辑工作变成一项仅需几秒就能完成的任务。

在 Premiere Pro 2022 中使用"重新混合"功能,需要将"重新混合"功能应用于音频部分。该功能会分析音乐中的模式和动态,以创建与需要的持续时间相匹配的新编排,如图 1.1.4 所示。

1.1.5 快速完成语音到文本转录

可以在"转录文本"选项卡中自动转录视频,并生成字幕,在"字幕"选项卡及"节目监视器"中还可以进行编辑。使用"基本图形"面板中的设计工具还可以为字幕添加样式,如图 1.1.5 所示。

图1.1.5

1.2 Premiere Pro 视频编辑概述

Premiere Pro 是一款非线性视频编辑软件,可以编辑各种素材,无论是来自专业相机还是来自手机的素材都可以编辑,而且分辨率最高支持8K。凭借软件对文件的支持、简便的工作流程和更快的渲染速度,可以随心所欲地进行创作。

而 After Effects 是一款特效制作软件,可以使用该软件创建电影级字幕、片头和转场特效,从剪辑中删除物体、点一团火或下一场雨、将徽标或人物制成动画,甚至在 3D 空间中添加各种特效也非常容易。利用 After Effects 这款行业标准的动态图形和视觉效果软件,可以将任何灵感付诸现实。

Premiere Pro 和 After Effects 的区别在于,后者的工作方式是对逐个镜头进行单独编辑,而前者是把很多镜头按照时间线的顺序混合成一段新视频。除了 Adobe 公司旗下的这两款软件,还有 NUKE、Flame、Fusion 等软件也可以胜任类似的工作。

1.2.1 视频编辑的硬件要求

计算机必须满足表 1.2.1 和表 1.2.2 描述的最低计算机硬件要求,才能运行 Premiere Pro 2022,以获得最佳的性能。

表1.2.1　最低计算机硬件要求（Windows系统）

	最低配置（对于 HD 视频工作流程）	推荐配置（用于 HD、4K 或更高）
处理器	Intel® 第 6 代或更高版本，或者 AMD Ryzen® 1000 系列或更高版本	具有快速同步功能的 Intel® 第 7 代或更高版本，或者 AMD Ryzen® 3000 系列 /Threadripper 2000 系列或更高版本
操作系统	Microsoft Windows 10（64 位）版本 1909 或者更高版本	Microsoft Windows 10（64 位）版本 1909 或者更高版本
内存	8 GB	16 GB，用于 HD 32 GB，用于 4K 或更高分辨率
GPU	2 GB 显存	4 GB 显存，用于 HD 和某些 4K 的工作流程 6 GB 或以上显存，用于 4K 和更高分辨率
存储	8 GB 可用硬盘空间用于安装软件，安装期间所需的额外可用空间（不能安装在可移动存储器上）用于存储	用于应用程序安装和缓存的快速内部 SSD 用于额外高速驱动器
显示器分辨率	1920px × 1080px	1920px × 1080px 或更高 DisplayHDR 400，适用于 HDR 工作流程
声卡	与 ASIO 兼容或 Microsoft Windows Driver Model	与 ASIO 兼容或 Microsoft Windows Driver Model
网络存储链接	1 GB/s 以太网（仅 HD）	10 GB/s 以太网，用于 4K 共享网络工作流程

表1.2.2　最低计算机硬件要求（Mac OS系统）

	最低配置	推荐配置
处理器	Intel® 第 6 代或更高版本	Intel® 第 7 代或更高版本，或者 Apple Silicon M1 或更高版本
操作系统	Mac OS v10.15（Catalina）或更高版本	Mac OS v10.15（Catalina）或更高版本
内存	8 GB	Apple Silicon：16 GB 统一内存 Intel：16 GB，用于 HD 媒体 　　　 32 GB，用于 4K 或更高分辨率
GPU	Apple Silicon：8 GB 统一内存 Intel：2 GB 显存	Apple Silicon：16 GB 统一内存 Intel：4 GB 显存，用于 HD 和某些 4K 的工作流程 　　　 6 GB 或以上显存，用于 4K 和更高分辨率的工作流程
存储	8 GB 可用硬盘空间用于安装软件，安装过程中需要额外可用空间（无法安装在区分大小写的文件系统的卷上或可移动闪存设备上）用于存储	用于应用程序安装和缓存的快速内部 SSD 用于媒体的额外高速驱动器
显示器	1920px × 1080px	1920px × 1080px 或更高 DisplayHDR 400，适用于 HDR 工作流程
网络存储链接	1 GB/s 以太网（仅 HD）	10 GB/s 以太网，用于 4K 共享网络工作流程

1.2.2 非线性编辑的概念

1. 线性编辑

传统的线性编辑是录像机通过机械运动使用磁头将 25fps（帧／秒）的视频信号顺序记录在磁带上，在编辑时也必须顺序寻找所需的视频画面。用传统的线性编辑方法在插入与原画面时间不等的画面时，或者删除节目中某些片段时，都要进行重新编辑，而且每编辑一次，视频质量都会有所下降（磁头磨损磁带）。

2. 非线性编辑

非线性编辑是把输入的各种音视频信号进行 AD（模／数）转换，采用数字压缩技术存入计算机中。非线性编辑没有采用磁带而是用硬盘作为存储介质，记录数字化的音视频信号。硬盘可以满足在 1/25s 内任意一帧画面的随机读取和存储，从而实现音视频编辑的非线性。

非线性编辑系统将传统的电视节目后期制作系统中的切换机、数字特技机、录像机、录音机、编辑机、调音台、字幕机、图形创作系统等集成于一台计算机中，用计算机来处理、编辑图像和声音，再将编辑好的音视频信号导出为不同的格式文件。能够编辑数字视频数据的软件称为"非线性编辑软件"，如 Premiere Pro 等，如图 1.2.1 所示。

图1.2.1

1.2.3 常用名词与术语介绍

1. 帧

帧就是影视动画中的最小单位单幅影像画面，相当于电影胶片上的每一格镜头。一帧就是一幅静止的画面，播放连续帧就形成了动画，如电视节目等。通常说的"帧数"，简单地说，就是在 1s 传输的帧数，也可以理解为图形处理器每秒能够刷新几次，通常用 fps（Frames Per Second，帧速率）表示。

2. 帧速率（时基）

帧速率（fps）是指画面每秒传输的帧数，通俗地讲，就是指动画或视频的画面数，帧是视频中最小的时间单位。例如，30fps 是指每秒由 30 张画面组成，所以 30fps 在播放时会比 15fps 的视频流畅得多。

3. 场

因为电视有信号频率不同的问题，无法在制式规定的刷新时间内（PAL 制是 25fps）同时将一帧图像显现在屏幕上，只能将图像分成两个半幅的图像，一先一后地显现，上半幅优先称为"顶场先"，下半幅优先称为"底场先"。

4. 高宽比

当为序列（视频制作项目）设置宽度和高度后，序列的宽高比例也会随着数值进行更改。例如，设置宽度为 720px、高度为 576px，此时画面像素为 720px×576px。需要注意的是，此处的"宽高比"是指在 Premiere Pro 中新建序列的宽度和高度的比例。

5. 制式

PAL（Phase Alternative Line）制是德国在 1962 年制定的彩色电视广播标准，采用逐行倒相正交平衡调幅的技术，克服了 NTSC 制相位敏感造成色彩失真的缺点。这种制式的帧速率为 25fps，每帧 625 行 312 线，标准分辨率为 720px×576px。

NTSC（National Television System Committee）制是 1952 年由美国国家电视标准委员会制定的彩色电视广播标准，采用正交平衡调幅的技术方式，故也称为"正交平衡调幅制"。这种制式的帧速率为 29.97fps，每帧 525 行 262 线，标准分辨率为 720px×480px。

6. 标清和高清

所谓"标清"（Standard Definition），是指物理分辨率在 720P 以下的一种视频格式，其视频的垂直分辨率为 720 线逐行扫描。具体来说，就是分辨率在 400 线左右的 VCD、DVD、电视节目等"标清"视频格式，即标准清晰度。

所谓"高清"（High Definition，HD），即物理分辨率达到 720P 以上。关于高清的标准，国际上公认的有两个标准：视频垂直分辨率超过 720P 或 1080I，视频宽高比为 16：9。

7. 分辨率

720P、1080I、1080P、a1080、a720、816P、4K，前三个是用于标识高清影片分辨率的关键指标。其中，数字后跟随的 I 和 P 分别是 Interlace scan（隔行扫描）和 Progressive scan（逐行扫描）的缩写，而数字反映的是高清影片的垂直分辨率。如 720P 就是指 1280px×720px 逐行扫描，1080I 就是 1920px×1080px 隔行扫描，这是一种将信号源的水平分辨率按照约定俗成的方法进行缩略的命名规则。720P 分辨率是高清信号的准入门槛，720P 标准也被称为 HD 标准，而 1080I 和 1080P 被称为 Full HD（全高清）标准。

4K 分辨率属于超高清分辨率，在此分辨率下，观众可以看清画面中的每一个细节。影院如果采用 4096px×2160px 的分辨率播放影片，无论在影院的哪个位置，观众都可以清楚地看到画面的每一个细节。4K 分辨率是指水平方向每行像素达到或接近 4096px。而根据使用范围的不同，4K 分辨率也有各种各样的衍生分辨率，例如 Full Aperture 4K 的 4096px×3112px、Academy 4K 的 3656px×2664px 以及 UHDTV 标准的 3840px×2160px 等，都属于 4K 分辨率的范畴，如图 1.2.2 所示。

8. 升格与降格

升格与降格是电影摄影中的一种技术手段，电影摄影的拍摄标准是 24fps，也就是每秒拍摄 24 张画面，这样在放映时才能看到正常速度的连续画面。但为了实现一些简单的技巧，例如慢镜头效果，就要改变正常的拍摄速度，使播放视频高于 24fps，这就是升格，放映效果就是慢动作。

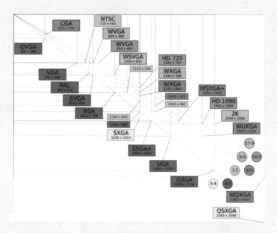

图1.2.2

如果降低拍摄速度（低于 24fps），就是降格，放映效果就是快动作。

图 1.2.3 展示了 24fps 与 48fps 的关系，如果以 48fps 的帧速率拍摄，就能够在半秒内拍摄到 24 帧的画面。慢动作画面就是以高于标准帧速率拍摄的手法来实现的。

图1.2.3

9.VR 视频（全景）

VR 视频是一种用 3D 摄像机进行全方位 360° 拍摄的视频，在观看视频的时候有一种身临其境的代入感。

1.2.4　文件格式

Premiere Pro 2022 支持导入的格式包括 AAF、ARRIRAW、AVI、Adobe After Effects 文本模板、Adobe After Effects 项目、Adobe Audition 轨道、Adobe Illustrator、Adobe Premiere Pro 项目、Adobe Title Designer、Adobe 声音文档、Biovision Hierarchy、CMX3600 EDL、Canon

Cinema RAW Light、Canon RAW、Character Animator、Cinema DNG、Cineon/DPX、Comma Seperate Value、CompuSerce GIF、EBU N19 字 幕、Final Cut Pro XML、HEIF、JPEG、JSON、MBWF/RF64、MP3 、MPEG、MXF、MacCaption VANC 等。

Premiere Pro 2022 支持导出的格式包括 AAC、AIFF、Apple ProRes MXF OP1a、AS-10、AS-11、AVI、AVI（未压缩）、BMP、DNxHR/DNxHD MFX OP1a、DPX、GIF、H.264、H.264 蓝光、HEVC（H.265）、JPEG、JPEG2000 MXF OP1a、MP3、MPEG2、MPEG2 蓝光、MPEG2-DVD、MPEG4、MFX OP1a、OpenEXR、p2 影片、PNG、QuickTime、Targa、TIFF、Windows Media、Wraptor DCP、动画 GIF、波形音频。

某些文件格式（如 MOV、AVI 和 MXF）是容器文件格式，而不是特定的音频、视频或图像数据格式。容器文件可以包括使用各种压缩和编码方案编码的数据。Adobe Media Encoder 可以为这些容器文件的视频和音频数据编码，具体取决于安装了哪些编解码器。许多编解码器必须安装在操作系统中，并作为 QuickTime 或 Video for Windows 格式中的一个组件来使用，如图 1.2.4 所示。

图1.2.4

1.3 Premiere Pro 2022 工作界面

1.3.1 工作界面

Premiere Pro 2022 为编辑人员提供了强大且实用的工具，如果是 Adobe 软件的老用户，操作起来会感到非常熟悉。Premiere Pro 的工作窗口和面板是该软件的重要组成部分，所有的剪辑工作都要通过这些组件来完成，而且 Premiere Pro 还为剪辑师提供了更加合理的界面组合方式，如图 1.3.1 所示。

图1.3.1

在编辑素材的过程中，可以通过 Premiere Pro 窗口中的各种命令来完成一系列操作，从而达到令人满意的效果。Premiere Pro 的窗口主要由 6 部分组成，分别是"预设"面板、"源"面板、"节目"面板、"项目"面板、"时间线"面板和"工具"面板。它们是 Premiere Pro 的重要组成部分，所以认识并熟悉这些面板，是学习 Premiere Pro 的第一步。关于这些面板的详细使用方法，在后文相关的章节会详细介绍。

A："预设"面板：可以在这里切换不同的预设界面，系统提供了多种预设方案，包括学习、组件、颜色等，用于对应不同的编辑操作场景，默认的工作界面是"学习"预设，但建议初学者把工作界面切换为"编辑"预设。

B："源"面板：又称为"素材"面板，可以在这里预览素材。

C："节目"面板：用于查看当前编辑的素材内容。

D："项目"面板：用于管理项目中的各种组件。

E："时间线"面板：该面板是使用频率最高的面板，主要用于视频素材和音频素材的编辑，也是进行素材剪辑的主要操作区域。

F："工具"面板：该面板中的工具主要用于编

辑素材，单击任意工具按钮，鼠标指针都会切换为该工具的形状。在实际工作中，主要使用快捷键切换对应的工具，这样使操作更便捷，如图1.3.2所示。

图1.3.2

1.3.2　自定义工作区

当熟悉了 Premiere Pro 的界面后，可以根据工作的需要和操作习惯设置不同模式的工作界面。在"窗口"→"工作区"子菜单中选择不同的预置命令，即可将工作区域进行相应的调整，如图 1.3.3 所示。

图1.3.3

1."编辑"模式

执行"窗口"→"工作区"→"编辑"命令，此时界面进入"编辑"模式，"监视器"面板和"时间线"面板为主要工作区域，适用于视频编辑，如图 1.3.4 所示。

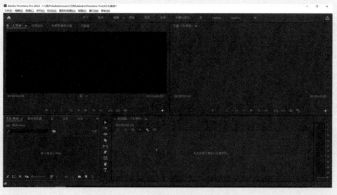

图1.3.4

2."所有面板"模式

执行"窗口"→"工作区"→"所有面板"命令，此时界面进入"所有面板"模式，如图1.3.5所示。

图1.3.5

3."元数据记录"模式

执行"窗口"→"工作区"→"元数据记录"命令，此时界面进入"元数据记录"模式，如图1.3.6所示。

图1.3.6

4."学习"模式

执行"窗口"→"工作区"→"学习"命令，此时界面进入"学习"模式，如图1.3.7所示。

图1.3.7

5."效果"模式

执行"窗口"→"工作区"→"效果"命令，此时界面进入"效果"模式，如图1.3.8所示。

图1.3.8

6."字幕和图形"模式

执行"窗口"→"工作区"→"字幕和图形"命令，此时界面进入"字幕和图形"模式，如图1.3.9所示。

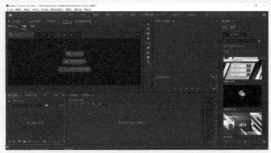

图1.3.9

7."库"模式

执行"窗口"→"工作区"→"库"命令，此时界面进入"库"模式，如图1.3.10所示。

图1.3.10

8.Captions 模式

执行"窗口"→"工作区"→Captions命令，此时界面进入Captions模式，如图1.3.11所示。

图1.3.11

9."音频"模式

执行"窗口"→"工作区"→"音频"命令，此时界面进入"音频"模式，如图1.3.12所示。

图1.3.12

10."颜色"模式

执行"窗口"→"工作区"→"颜色"命令，此时界面进入"颜色"模式，如图1.3.13所示。

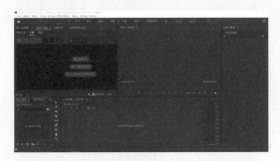

图1.3.13

11."组件"模式

执行"窗口"→"工作区"→"组件"命令，

此时界面进入"组件"模式，如图1.3.14所示。

图1.3.14

12.Graphics 模式

执行"窗口"→"工作区"→Graphics命令，此时界面进入Graphics模式，如图1.3.15所示。

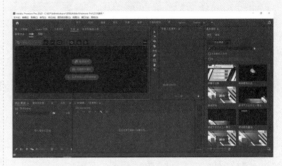

图1.3.15

13. 修改工作区顺序或删除工作区

若要修改当前工作区的顺序，可以单击工作区菜单栏右侧的 »按钮，在弹出的菜单中执行"编辑工作区"命令，如图1.3.16所示。

图1.3.16

弹出"编辑工作区"对话框，也可以执行"窗口"→"工作区"→"编辑工作区"命令，弹出该对话框,如图 1.3.17 所示。

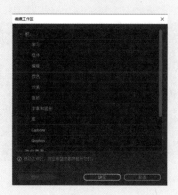

图1.3.17

在"编辑工作区"对话框中选择想要移动的模式,按住鼠标左键移至合适的位置,释放鼠标后即可完成移动操作,接着单击"确定"按钮,此时工作区界面完成修改。若要恢复默认的状态,可以单击"取消"按钮取消当前操作。

若想删除工作区,可以选择需要删除的工作区,单击"编辑工作区"对话框左下角的"删除"按钮,接着单击"确定"按钮,即可完成删除操作。删除所选工作区后,下次启动 Premiere Pro 时,将使用新的默认工作区,将其他界面依次向上移动,填补此处位置。此时的"预设"面板如图 1.3.18 所示。

图1.3.18

14. 编辑工作区

按快捷键 Shift+`,可以最大化或恢复单个面板的显示(最大化框架命令)。如果想调整面板的大小,可以通过拖动两个面板之间的分界线,进行相应的调整,如图 1.3.19 所示。

图1.3.20

右击,在弹出的快捷菜单中选择"浮动面板"选项,将面板单独显示出来,如图 1.3.20 所示。

如果需要将面板恢复嵌入的状态,可以选中浮动面板,将其拖至想要嵌入的面板组中,如图 1.3.21 所示。

图1.3.21

15. 如何恢复默认工作区

如果发现工作区被自己调整得比较混乱,可以随时将工作区恢复到默认布局,执行"窗口"→"工作区"→"重置为保存的布局"命令,或按快捷键 Alt+Shift+0,如图 1.3.22 所示。

图1.3.22

16. 如何保存工作区

调整工作区后,可以将当前的工作区保存为自定义工作区。若想将自定义工作区保存,可以

图1.3.19

在工作中为了方便操作,可以在面板空白区域

执行"窗口"→"工作区"→"另存为新工作区"命令，将自定义工作区保存，以便下次使用，如图 1.3.23 所示。

图1.3.23

1.3.3 设置首选项

当开始使用 Premiere Pro 时，除了对软件的界面进行调整，还可以通过调整"首选项"，使软件更便于我们的使用。当要进行"首选项"设置时，执行"编辑"→"首选项"命令，弹出"首选项"对话框，该对话框提供了"常规""外观""音频"等选项卡，按照分类查找需要调整的选项即可，具体如下。

常规：在"首选项"对话框的"常规"选项卡中，可以自定义"显示事件指示器""显示工具提示""超宽动态范围监控（可用时）"等选项，还可以选择启动时显示 Premiere Pro 的主页、显示最近打开的对话框等，如图 1.3.24 所示。

图1.3.24

外观：在"首选项"对话框的"外观"选项卡中，可以设置界面的总体亮度，还可以控制高亮颜色、交互控件及焦点指示器的亮度和饱和度，如图 1.3.25 所示。

图1.3.25

自动保存：默认情况下，Premiere Pro 会每 15min 自动保存一次项目（文件），并将项目文件的最近 20 个版本保留在硬盘上，用户可以随时还原到以前保存的版本。存档项目的多个迭代所占用的磁盘空间相对较小，因为项目文件比源音频文件小很多。如果想对这些默认设置进行调整，可以在"首选项"对话框的"自动保存"选项卡中，进行相应的调整，如图 1.3.26 所示。

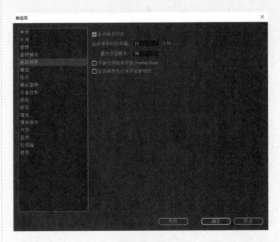

图1.3.26

媒体缓存：在"首选项"对话框的"媒体缓存"选项卡中，可以控制 Premiere Pro 存储加速器文件（包括 peak 文件（.pek）和合成音频文件（.cfa））的位置。清除旧的或不使用的媒体缓存文件，有助于保持软件的最佳性能。每当源媒体需要缓存时，都会重新创建已删除的缓存文件，如图 1.3.27 所示。

图1.3.27

1.3.4 快捷键设置

　　Premiere Pro 的许多命令都具有等效的快捷键，通过快捷键可以最大限度地减少使用鼠标操作的次数，而且软件还提供创建或编辑快捷键的功能。其实软件提供的默认快捷键已经非常完备，各菜单命令在 Windows 系统和 Mac OS 系统中的快捷键如表 1.3.1~ 表 1.3.7 所示。

表1.3.1　文件菜单

命令	Windows 操作系统	Mac OS 操作系统
项目 ...	Ctrl+Alt+N	Opt+Cmd+N
序列 ...	Ctrl+N	Cmd+N
素材箱	Ctrl + /	Cmd + /
打开项目 ...	Ctrl+O	Cmd+O
关闭项目	Ctrl+Shift+W	Shift+Cmd+W
关闭	Ctrl+W	Cmd+W
保存	Ctrl+S	Cmd+S
另存为 ...	Ctrl+Shift+S	Shift+Cmd+S
保存副本 ...	Ctrl+Alt+S	Opt+Cmd+S
捕捉 ...	F5	F5
批量捕捉 ...	F6	F6
从媒体浏览器导入	Ctrl+Alt+I	Opt+Cmd+I
导入 ...	Ctrl+I	Cmd+I
导出媒体	Ctrl+M	Cmd+M
获取选定内容的属性 ...	Ctrl+Shift+H	Shift+Cmd+H
退出 Premiere Pro	Ctrl+Q	Cmd + Q

表1.3.2　编辑菜单

命令	Windows 操作系统	Mac OS 操作系统
还原	Ctrl+Z	Cmd+Z
重做	Ctrl+Shift+Z	Shift+Cmd+Z
剪切	Ctrl+X	Cmd+X
复制	Ctrl+C	Cmd+C
粘贴	Ctrl+V	Cmd+V
粘贴插入	Ctrl+Shift+V	Shift+Cmd+V
粘贴属性	Ctrl+Alt+V	Opt+Cmd+V
清除	Delete	Forward Delete
波纹删除	Shift+Delete	Shift+Forward Delete
重复	Ctrl+Shift + /	Shift+Cmd + /
全选	Ctrl+A	Cmd+A
取消全选	Ctrl+Shift+A	Shift+Cmd+A
查找 ...	Ctrl+F	Cmd+F
编辑原始	Ctrl+E	Cmd+E
键盘快捷键	Ctrl+Alt+K	Cmd+Opt+K

表1.3.3　剪辑菜单

命令	Windows 操作系统	Mac OS 操作系统
制作子剪辑 ...	Ctrl+U	Cmd+U
音频声道 ...	Shift+G	Shift+G
音频增益	G	G
速度 / 持续时间 ...	Ctrl+R	Cmd+R
插入	、	、
覆盖	.	.
启用	Shift+E	Shift+Cmd+E
链接	Ctrl+L	Cmd+L
编组	Ctrl+G	Cmd+G
取消编组	Ctrl+Shift+G	Shift+Cmd+G

表1.3.4　序列菜单

命令	Windows 操作系统	Mac OS 操作系统
渲染工作区域内的效果	Enter	Enter
匹配帧	F	F
反转匹配帧	Shift+R	Shift+R
添加编辑	Ctrl+K	Cmd+K

命令	Windows 操作系统	Mac OS 操作系统
添加编辑到所有轨道	Ctrl+Shift+K	Shift+Cmd+K
修剪编辑	Shift+T	Cmd+T
将所选编辑点扩展到播放指示	E	E
应用视频过渡	Ctrl+D	Cmd+D
应用音频过渡	Ctrl+Shift+D	Shift+Cmd+D
将默认过渡应用到选择项	Shift+D	Shift+D
提升	;	;
提取	'	'
放大	=	=
缩小	−	−
序列中下一段	Shift + ;	Shift + ;
序列中上一段	Ctrl+Shift + ;	Opt + ;
在时间线中对齐	S	S
制作子序列	Shift+U	Cmd+U
添加新字幕轨道	Ctrl + Alt + A	Opt + Cmd + A
在播放指示器处添加字幕	Ctrl + Alt + C	Opt + Cmd + C
转到下一个字幕段	Ctrl + Alt + Down	Opt + Cmd + Down
转到上一个字幕段	Ctrl + Alt + Up	Opt + Cmd + Up

表1.3.5　标记菜单

命令	Windows 操作系统	Mac OS 操作系统
标记入点	I	I
标记出点	O	O
标记剪辑	X	X
标记选择项	/	/
转到入点	Shift+I	Shift+I
转到出点	Shift+O	Shift+O
清除入点	Ctrl+Shift+I	Opt+I
清除出点	Ctrl+Shift+O	Opt+O
清除入点和出点	Ctrl+Shift+X	Opt+X
添加标记	M	M
转到下一个标记	Shift+M	Shift+M
转到上一个标记	Ctrl+Shift+M	Shift+Cmd+M

命令	Windows 操作系统	Mac OS 操作系统
清除所选的标记	Ctrl+Alt+M	Opt+M
清除所有标记	Ctrl+Alt+Shift+M	Opt+Cmd+M

表1.3.6　图形菜单

命令	Windows 操作系统	Mac OS 操作系统
新建图层		
文本	Ctrl+T	Cmd+T
矩形	Ctrl+Alt+R	Opt + Cmd + R
椭圆	Ctrl+Alt+E	Opt+Cmd+E
对齐		
居中对齐	Ctrl+Shift+C	Cmd+Shift+C
左对齐	Ctrl+Shift+L	Cmd+Shift+L
右对齐	Ctrl+Shift+R	Cmd+Shift+R
排列		
拖至最前	Ctrl+Shift +]	Shift+Cmd +]
前移	Ctrl +]	Cmd +]
后移	Ctrl + [	Cmd + [
拖至最后	Ctrl+Shift + [	Shift+Cmd + [
选择		
选择下一个图层	Ctrl+Alt +]	Opt+Cmd +]
选择上一个图层	Ctrl+Alt + [	Opt+Cmd + [

表1.3.7　窗口菜单

命令	Windows 操作系统	Mac OS 操作系统
重置为已保存的布局	Alt+Shift+0	Opt+Shift+0
音频剪辑混合器	Shift+9	Shift+9
音轨混合器	Shift+6	Shift+6
效果控件	Shift+5	Shift+5
效果	Shift+7	Shift+7
媒体浏览器	Shift+8	Shift+8
节目监视器	Shift+4	Shift+4
项目	Shift+1	Shift+1
源监视器	Shift+2	Shift+2
时间线	Shift+3	Shift+3

第2章

Premiere Pro 2022 基础操作

在 Premiere Pro 中，创建项目是为获得某个视频剪辑而产生的任务集合，也可以理解为对某个视频文件的剪辑处理工作而创建的框架。在制作影片时，由于所有操作都在一个已经完成剪辑等待输出的项目中，其保存了视频剪辑使用的所有素材文件、特效参数、过滤参数、音频混合等信息，如图 2.1 所示。

图2.1

2.1 创建和配置项目

在 Premiere Pro 中，所有的影视编辑任务都会以项目的形式出现，所以创建项目文件是 Premiere Pro 进行视频制作的首要工作，创建项目是开始整个影片后期制作流程的第一步。用户首先应该按照影片制作的需要配置好项目文件，然后根据计算机的硬件情况，对软件的参数进行设置，然后导入素材开始编辑工作。

在开始新的剪辑工作之前，必须新建一个项目。在启动 Premiere Pro 时，将会弹出欢迎界面。在该界面中，系统列出了部分最近使用的项目以及"新建项目"和"打开项目"按钮。单击"新建项目"按钮，即可创建项目，也可以执行"文件"→"新建"→"项目"命令，完成相同的工作，如图 2.1.1 所示。

图2.1.1

2.1.1 项目设置

单击"新建项目"按钮后，系统将自动弹出"新建项目"对话框，在该对话框中可以对项目的设置信息进行一系列调整，使其满足编辑视频的要求。

1. 设置常规信息

在默认状态下，"新建项目"对话框显示"常规"选项卡，在其中可以对项目的名称、保存位置进行设置，还可以对渲染程序、音视频的显示格式、捕捉格式等进行设置，如图 2.1.2 所示。

在"常规"选项卡中，部分选项的含义和功能如下。

图2.1.2

显示格式（视频）：调整视频素材的格式信息。

显示格式（音频）：调整音频素材的格式信息。

捕捉格式：当需要从摄像机等设备获取素材时，可以通过调整"捕捉格式"选项，要求Premiere Pro以规定的采集方式获取素材。

2. 配置暂存盘

在"新建项目"对话框的"暂存盘"选项卡中，可以设置采集到的音视频素材、视频预览文件和音频预览文件的保存位置，单击"新建项目"对话框中的"确定"按钮，即可创建项目文件，如图2.1.3所示。

图2.1.3

2.1.2 创建并设置序列

Premiere Pro 内所有组接在一起的素材，以及这些素材所应用的各种滤镜和自定义设置，都必须放置在一个名为"序列"的 Premiere Pro项目文件中。可以看出，序列对项目极为重要，所以只有当项目内拥有序列时，才可以进行影片的编辑操作。

1. "序列预设"选项卡

新建项目文件后，Premiere Pro 将会弹出"新建序列"对话框。在该对话框中包括"序列预设""设置""轨道"和"VR 视频"4 个选项卡，而且 Premiere Pro 2022 还提供了非常多的序列预设，如图 2.1.4 所示。

图2.1.4

在软件提供的这些类型中，AVC-Intra、AVCHD、Digital SLR、DV-24P、DV-NTSC为北美标准类型。如果需要使用北美标准的用户可以在这些预设中选择，如图 2.1.5 所示。

Premiere Pro 2022 提供的序列预设中，DV-PAL 为欧洲标准，如图 2.1.6 所示。

在 预 设 中，DVCPRO50、DVCPROHD、HDV、 Mobile & Devices、XDCAM EX、XDCAM HD422 和 XDCAM HD 类别包含的设置适合大多数情况下使用，如图 2.1.7 所示。

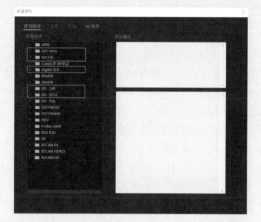

图2.1.5

图2.1.6

图2.1.7

如果制作这种的视频在日本使用，可选择 AVC-Intra、DVCPRO50、DVCPROHD 和 ProRes RAW 预设，如图 2.1.8 所示。

图2.1.8

2."设置"选项卡

"设置"选项卡可以用来对视频的编辑模式、帧大小、像素长宽比、采样率、视频预览等参数进行详细的设置。在正式开始视频编辑之前，必须进行相应的设置，如图 2.1.9 所示，具体的选项含义如下。

图2.1.9

编辑模式：在"编辑模式"下拉列表中预设了多种视频编辑模式，可以根据需要选择不同的选项。在选择不同模式时，下面的参数会自动进行相应的调整，除分辨率不可调整外，可以根据需要对其他参数进行相应的调整，如像素长宽比、场等。如果需要设定符合用户自身要求的视频制式，可以选择 Desktop 选项，此时就会激活下面的所有参数，根据需要进行相应的设置即可。

时基：该参数在选择不同制式时有相应的帧数。在选择 Desktop 选项时，可以根据需要进行调整。

视频：在该选项区中，可以调整与视频画面相关的各项参数，其中的"帧大小"选项用于设置视频画面的分辨率；"像素长宽比"下拉列表则根据编辑模式的不同，提供"方形像素（1.0）"等多种选项供用户选择；至于"场"下拉列表，则用于设置扫描方式（隔行扫描或逐行扫描）；"显示格式"下拉列表用于设置序列中的视频标尺单位。

音频：在该选项区中，可以设置音频的采样率和音频在"时间线"面板中的显示格式。"采样率"用于统一控制序列内的音频文件的采样率；而"显示格式"则用于调整序列中的音频标尺单位。

视频预览：在该选项区中，"预览文件格式"用于控制 Premiere Pro 将用哪种文件格式生成相应序列的预览文件。当采用 Microsoft AVI 作为预览文件格式时，还可以在"编解码器"下拉列表中选择生成预览文件时采用的编码方式。此外，在选中"最大位深度"和"最高渲染质量"复选框后，还可以提高预览文件的质量。

3. "轨道"选项卡

"轨道"选项卡用来添加音视频轨道，如图2.1.10 所示。刚开始学习视频剪辑时，两三条轨道就可以满足编辑的需要，但随着制作水平的提高，要求越来越高，添加的特效越来越多，画面

中的信息也越来越多，这时就需要更多的轨道。

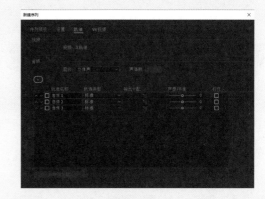

图2.1.10

4. 手机视频设置

现在使用抖音和快手 App 的人特别多，在编辑视频时需要在"新建序列"对话框的"设置"选项卡中，将"编辑模式"设置为"自定义"，然后将"帧大小"调整为 1080 和 1920，"像素长宽比"为"方形像素（1.0）"，单击"确定"按钮即可将剪辑的视频设置为竖版画面，如图2.1.11 所示。

图2.1.11

2.2 保存和打开项目文件

在剪辑影片的时候，必须对项目文件做出的更改及时保存，避免当发生计算机死机、断电等情况时，影响整个项目制作的进度。保存项目的另一个作用在于，可以随时对已保存的项目进行重新编辑。

2.2.1 保存项目文件

在项目的编辑过程中，要养成随时保存项目文件的好习惯，以免意外丢失数据，造成不必要的损失。在 Premiere Pro 2022 中保存项目有很多种方法，具体如下。

（1）执行"文件"→"保存"命令，保存项目文件。

（2）执行"文件"→"另存为"命令，保存项目文件。在弹出的"保存项目"对话框中，设置项目名称和存储位置，再单击"保存"按钮，保存项目，如图 2.2.1 所示。

图2.2.1

（3）执行"文件"→"保存副本"命令，弹出"保存项目"对话框，设置项目名称和存储位置，再单击"保存"按钮，为项目保存副本，如图2.2.2所示。

图2.2.2

2.2.2 打开项目文件

在视频制作时，首先要熟练掌握项目文件的基本操作才能编辑出精彩的视频片段。接下来针对项目文件进行讲解，打开项目文件的方法有以下 3 种方式。

（1）启动 Premiere Pro 软件时，会弹出"开始"窗口，单击"打开项目"按钮，在弹出的"打开项目"对话框中选择文件所在的路径，在文件夹中选择已存在的 Premiere Pro 项目文件，单击"打开"按钮，此时该文件在 Premiere Pro 中打开。

（2）执行"文件"→"打开项目"命令，或按快捷键 Ctrl+O，弹出"打开项目"对话框，在其中选择项目文件的路径，选中 Premiere Pro 项目文件，单击"打开"按钮，此时该文件在 Premiere Pro 中打开。

（3）在要打开项目文件的路径中，双击要打开的文件，即可在 Premiere Pro 中打开。

2.3 导入素材

在视频剪辑中，所有的视频素材、音频素材、图片素材都需要导入软件才能进行编辑。Premiere Pro 2022 支持多种格式的文件素材，包括 MP4、PNG、JPEG 和 PSD。下面介绍导入素材文件的方法。

2.3.1 导入通用素材

下面介绍三种导入通用素材的方法。

（1）执行"文件"→"导入"命令，或者在"项目"面板的空白处右击，并在弹出的快捷菜单中选择"导入"选项，如图2.3.1所示。在弹出的"导入"对话框中选择需要导入的素材文件，然后单击"打开"按钮，即可将该素材文件导入"项目"面板。

图2.3.1

（2）弹出"媒体浏览器"面板，并找到素材文件所在的文件夹，选择一个或多个素材，右击并在弹出的快捷菜单中选择"导入"选项，即可将选中的素材导入"项目"面板，如图2.3.2所示。

图2.3.2

（3）打开素材所在的文件夹，选中要导入的一个或多个素材，按住鼠标左键并将其拖至"项目"面板中，即可将相应素材导入"项目"面板。

2.3.2 导入 PSD 文件

在 Premiere Pro 2022 中导入 PSD 文件，可以合并图层或者分离图层，在分离图层中又可以选择导入单个图层或者多个图层，其功能非常强大，具体的操作步骤如下。

01 启动 Premiere Pro，在欢迎窗口中单击"新建项目"按钮，也可以在 Premiere Pro 工作窗口中执行"文件"→"新建"→"项目"命令，

然后在弹出的"新建项目"对话框中设置文件的名称以及项目存储的位置，如图 2.3.3 所示。

图2.3.3

02 执行"文件"→"新建"→"序列"命令，弹出"新建序列"对话框，设置序列名称，单击"确定"按钮新建序列，如图 2.3.4 所示。

图2.3.4

03 弹出"媒体浏览器"窗口，找到素材所在的文件夹，选中要导入的 PSD 文件素材，右击并在弹出的快捷菜单中选择"导入"选项，弹出"导入分层文件：×××"对话框，在"导入为"下拉列表中选择"各个图层"选项，选择需要

的图层，单击"确定"按钮，即可将图层素材导入"项目"面板，如图2.3.5和图2.3.6所示。

图2.3.5

图2.3.6

04 打开"项目"面板即可看到导入的图层素材成为了一个素材箱，双击该素材箱即可看到其中的各个图层素材，如图2.3.7所示，执行"文件"→"保存"命令，保存该项目。

图2.3.7

2.3.3 导入 AE 工程文件

在 Premiere Pro 2022 中导入 AE 工程文件后，可以编辑 AE 文件素材，其功能非常强大，具体的操作步骤如下。

01 启动 Premiere Pro，在欢迎窗口中单击"新建项目"按钮，也可以在 Premiere Pro 工作窗口中执行"文件"→"新建"→"项目"命令，然后在弹出的"新建项目"对话框中设置文件

的名称以及项目存储的位置，如图2.3.8所示。

图2.3.8

02 执行"文件"→"新建"→"序列"命令，弹出"新建序列"对话框，设置序列名称，单击"确定"按钮新建序列，如图2.3.9所示。

图2.3.9

03 执行"文件"→"导入"命令，在弹出的"导入"对话框中选择需要导入的 AE 文件，单击"确定"按钮。在弹出的"导入 After Effects 合成"对话框中选择要导入的合成，单击"确定"按钮，如图 2.3.10 所示。

图2.3.10

04 打开"项目"面板即可看到导入的AE工程文件，

执行"文件"→"保存"命令，保存该项目，如图 2.3.11 所示。

图2.3.11

2.4　管理素材

在一般情况下，Premiere Pro 项目中的所有素材都将显示在"项目"面板中，而且由于名称、类型等属性的不同，素材在"项目"面板中的排列方式往往会比较杂乱，在一定程度上会影响工作效率。所以，必须对项目中的素材进行统一管理，例如将相同类型的素材放在同一个文件夹中，或者将相关的素材放在一起。

2.4.1　"项目"面板

"项目"面板主要用于显示素材文件，如图 2.4.1 所示。

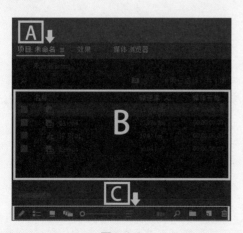

图2.4.1

A："项目"面板：用于显示、存放和导入素材文件。

B："素材存放区"：用于存放素材文件和序列。

C："项目"面板工具，具体工具的用法介绍如下。

※ ▱ "只读 / 读写项目"：单击该按钮，在只读与读写之间切换。

※ ▤ "列表视图"：将"项目"面板中的素材文件以列表的形式呈现。

※ ▣ "图标视图"：将"项目"面板中的素材文件以图标的形式呈现。

※ ▥ "自由切换视图"：可以将"项目"面板中的素材文件自由摆放。

※ ◉━━ "调整图标大小"：可以调整"项目"面板中的素材文件图标和缩览图的大小。

※ ■ "自动匹配序列"：可以将文件存放区中选中的素材按顺序排列。

※ ■ "查找"：单击该按钮，在弹出的"查找"对话框中查找所需的素材文件。

※ ■ "新建素材箱"：可以在文件存放区中新建一个文件夹，将素材文件移至文件夹中，方便素材的整理。

※ ■ "新建项"：单击该按钮，创建新的素材。

※ ■ "清除"选择需要删除的素材文件，单击该按钮，可以将素材文件删除（原始素材文件保留），快捷键为 Backspace。

2.4.2 "媒体浏览器"面板

"媒体浏览器"面板用于快速浏览计算机中的素材文件，可以将素材导入项目、在源监视器中预览等，如图2.4.2所示。

图2.4.2

2.4.3 "效果"面板

"效果"面板中展示了软件提供的所有效果，包括预设、Lumetri 预设、音频效果、音频过渡、视频效果和视频过渡，如图 2.4.3 所示。

图2.4.3

2.4.4 素材的查找和预览

在实际应用中，一个序列中导入的素材会非常多，要想尽快找到需要的素材，可以使用素材查找功能。Premiere Pro 已经将这一功能作为快捷命令整合到"项目"窗口中，方便对素材进行查找。

在 ■ 文本框中输入素材的名称，即可显示与名称相关的素材。

对于查找到的素材，可以通过源监视器进行预览，这种预览方式可以通过下方的工具按钮进行一些基础的编辑操作，如图 2.4.4 所示。

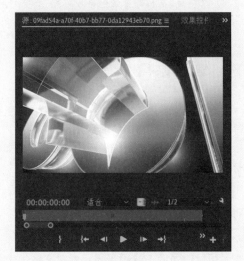

图2.4.4

2.4.5 查看素材信息

正确使用导入素材的前提是需要了解素材的相关信息，查看素材信息可以通过两种方式实现。

（1）在"项目"窗口中选中素材，即可在窗口右侧显示素材的类型、帧、入点、出点、持续时间和帧速率等信息，拖动窗口底部的滑块可以依次看到素材的各个属性参数，如图2.4.5所示。

（2）要了解更多信息时，可以在选中的素材上右击，在弹出的快捷菜单中选择"属性"选项，即可出现更多的信息，通过这些信息可以清楚地了解素材的类型、大小、路径和格式等相关信息。

图2.4.5

2.4.6 分类管理素材

在"项目"面板中，当素材文件的数量和种类较多时，可以按照素材的种类、格式或内容等进行分类管理，这样便于在编辑的过程中查找、调用素材。用户可以在"项目"面板中新建文件夹，将同类的素材放在同一个文件夹中。

在"项目"面板中新建文件夹的方法有3种，具体如下。

（1）执行"文件"→"新建"→"素材箱"命令。

（2）在"项目"面板的空白处右击，在弹出的快捷菜单中选择"新建素材箱"选项。

（3）单击"项目"面板底部的"新建素材箱"按钮 🗔 ，即可在"项目"面板中添加一个名为"素材箱 01"的素材箱。

用户可以将"项目"面板中同类型的素材选中，然后拖至该素材箱中。单击"素材箱 01"前的三角按钮，展开"素材箱 01"，此时可以看到刚拖进来的全部素材。采用同样的方法，可以分别新建"视频""音频""图片""动画"等素材箱，将素材分别放到相应的素材箱中，实现分类管理，如图 2.4.6 所示。

图2.4.6

2.4.7 重命名素材

为了方便查找素材，有时需要对素材进行重命名。用户可以在"项目"面板中选择需要重命名的素材，双击素材名称，并输入新的名称，单击"确定"按钮后，"项目"面板中的原素材名称被修改。采用相同的办法，还可以为素材箱重命名。

2.4.8 设置代理素材

选择需要创建代理的文件并右击，在弹出的快捷菜单中选择"代理"→"创建代理"选项，在创建代理窗口中，单击"添加收录预设"按钮，将收录预设导入。此时预设栏中会显示该收录预设，单击"浏览"按钮，可设置代理文件的存放路径。待代理文件创建完成后，即可在 Premiere Pro 中用代理文件监看了。单击"节目"窗口右下角的"编辑器"➕按钮，在弹出的面板中按住"切换代理"🗔按钮，并拖入下方的蓝色框中，单击"确定"按钮，如图 2.4.7 所示。

图2.4.7

当选中"切换代理"按钮时，按钮显示为蓝色，可以在"节目"窗口和"源监视器"窗口中以代理文件的形式监看。

2.5 工作流程

下面通过一个简单的实例，了解 Premiere Pro 的基本工作流程。首先，收集或制作所需的素材，然后导入软件中进行编辑。选择合适的背景素材，根据视频所需的长度，在软件中对背景素材的长度进行调整。根据视频的长度，调整各个照片素材所需的持续时间。然后根据背景素材的效果，适当调整各个照片素材在"时间线"面板中的入点位置。对背景素材应用键控效果，丰富视频画面。

在字幕设计器中创建需要的字幕，然后根据需要将这些字幕添加到"时间线"面板的视频轨道中。对素材添加视频运动效果和淡入淡出效果，使视频效果更加丰富。最后，添加合适的音乐素材，并根据视频所需长度，对音乐素材进行编辑。

根据工作流程，可以将其分为 8 个阶段：创建项目文件、添加素材、编辑素材、创建字幕、编辑字幕动画、编辑音频素材、项目打包、输出视频，具体的操作步骤如下。

2.5.1 创建项目文件

01 启动 Premiere Pro，在欢迎窗口中单击"新建项目"按钮，也可以在 Premiere Pro 工作窗口中执行"文件"→"新建"→"项目"命令，在弹出的"新建项目"对话框中设置项目的名称，如图 2.5.1 所示。

图2.5.1

02 在"新建项目"对话框中单击"浏览"按钮，在弹出的"请选择新项目的目标路径"对话框

中设置项目的保存路径，单击"选择文件夹"按钮，如图 2.5.2 所示。

图2.5.2

03 执行"编辑"→"首选项"→"时间线"命令，弹出"首选项"对话框，设置"静止图像默认持续时间"为 4.00 秒，如图 2.5.3 所示。

图2.5.3

04　执行"文件"→"新建"→"序列"命令，弹出"新建序列"对话框，选择"标准 32kHz"预设选项，如图 2.5.4 所示。

图2.5.4

05　进入"设置"选项卡，在"编辑模式"下拉列表中选择 DV 24p 选项，如图 2.5.5 所示。

图2.5.5

06　进入"轨道"选项卡，设置视频轨道数量为 4，单击"确定"按钮，如图 2.5.6 所示。

图2.5.6

2.5.2　添加素材

01　继续实例的操作。执行"文件"→"导入"命令，在弹出的"导入"对话框中选择本例所需的素材，单击"打开"按钮，如图 2.5.7 所示。

图2.5.7

02　在"项目"面板中创建 3 个素材箱，然后分别对其进行命名。在"项目"面板中将照片、视频和音乐素材分别拖入对应的素材箱中，对项目中的素材进行分类管理，如图 2.5.8 和图 2.5.9 所示。

图2.5.8　　　　　图2.5.9

2.5.3　编辑素材

01　继续实例的操作。将"项目"面板中的"背景.png"素材添加到"时间线"面板的V1轨道上，并设置结束帧为第10秒，如图2.5.10所示。

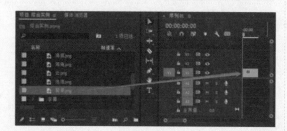

图2.5.10

02　将"项目"面板中的"云.png""泡泡.png"素材文件拖至V2和V3轨道上，并设置结束帧为第10秒，如图2.5.11所示。

图2.5.11

03　选择V2轨道上的"云.png"素材，并在"效果控件"面板中展开"运动"效果，设置"位置"为（1925.5，873.0），"缩放"值为135.0，接着展开"不透明度"属性，设置"不透明度"

值为0.0%，为"不透明度"创建关键帧，如图2.5.12所示。将播放头指针拖至第1秒，设置"不透明度"值为100%。

04　选择V3轨道上的"泡泡.png"素材文件，并在"效果控件"面板中展开"运动"效果，设置"位置"为（1963.5，1025.0），"旋转"值为359.0°，然后展开"不透明度"属性，设置"不透明度"值为0%，为"不透明度"创建关键帧，如图2.5.13所示。将播放头指针拖至第1秒，设置"不透明度"值为100%。

图2.5.12　　　　　图2.5.13

05　将"项目"面板中的"海底.png""海龟.png"素材拖至V4和V5轨道上，并设置起始帧为第1秒，结束帧为第10秒，如图2.5.14所示。

图2.5.14

06　选择V4轨道上的"海底.png"素材，在"效果控件"面板中展开"不透明度"效果，设置"不透明度"值为0%，为"不透明度"创建关键帧，如图2.5.15所示。将播放头指针拖至第2秒，设置"不透明度"值为100%。

07　选择V5轨道上的"海龟.png"素材，并在"效果控件"面板中展开"不透明度"效果，设置"不透明度"值为0%，为"不透明度"创建关键帧，如图2.5.16所示。将播放头指针拖至第2秒，设置"不透明度"值为100%，效果如图2.5.17和图2.5.18所示。

击"锚点"前面的"切换动画"按钮⚙，设置"锚点"为（441.0，986.0），"不透明度"值为0.0%，为不透明度创建关键帧，如图2.5.20所示。将播放头指针拖至第3秒，设置"位置"为（1560.5，3320.0），"缩放"值为110.0，"锚点"为（909.3，1449.5），"不透明度"值为100.0%，如图2.5.21所示，效果如图2.5.22和图2.5.23所示。

图2.5.15

图2.5.16

图2.5.20

图2.5.21

图2.5.17

图2.5.18

08 将"项目"面板中的"潜水员.png"素材拖至V6轨道上，并设置起始帧为第2秒，结束帧为第10秒，如图2.5.19所示。

图2.5.19

图2.5.22

图2.5.23

2.5.4 创建字幕

01 继续实例的操作。执行"文件"→"新建"→"旧版标题"命令，在弹出的"新建字幕"对话框中输入字幕名称并单击"确定"按钮，如图2.5.24所示。

02 在字幕设计器中单击工具栏上的"文字工具"按钮，在绘图区单击并输入文字内容，然后适当调整文字的位置、字体、大小和行距，如图2.5.25所示。

09 选择V6轨道上的"潜水员.png"素材，并将播放头指针拖至第2秒，然后在"效果控件"面板中展开"运动"效果，单击"位置"前面的"切换动画"按钮⚙，创建关键帧，设置"位置"为（3194.5，3635.0），单击"缩放"前面的"切换动画"按钮⚙，设置"缩放"值为65.0；单

图2.5.24　　　　　图2.5.25

03　在"旧版标题属性"面板中向下拖动滚动条，并选中"阴影"复选框，设置阴影的颜色为黑色，"角度"值为 -133.0°、"距离"值为61.0、"大小"值为8.0、"扩展"值为30.0，如图2.5.26和图2.5.27所示。

图2.5.27　　　　　图2.5.28

图2.5.26

图2.5.29　　　　　图2.5.30

04　采用同样的方法创建"字幕02"和"字幕03"。在工作区输入相应的文字，并适当调整文字的位置、字体、大小和行距。在"旧版标题属性"面板中向下拖动滚动条，然后选中"阴影"复选框，设置阴影的颜色为红色，"角度"值为135.0°、"距离"值为29.0、"大小"值为16.0、"扩展"值为30.0，如图2.5.28所示。

05　关闭字幕设计器，在"项目"面板中新建一个名为"字幕"的素材箱，将创建的字幕拖入该素材箱中，如图2.5.29和图2.5.30所示。

2.5.5　编辑字幕动画

01　继续实例的操作。将"项目"面板中的"字幕01"素材拖至V7轨道上，设置起始帧为第3秒，结束帧为第10秒，如图2.5.31所示。

02　选择V7轨道上的"字幕01"素材，在"效果控件"面板中展开"运动"属性，设置"位置"为（1884.5，2404.0）；在第3秒为"缩放"选项添加关键帧，设置"缩放"值为58.0，单击"不透明度"前面的"切换动画"按钮，创建关键帧，并设置"不透明度"值为0.0%，如图2.5.32所示。

将播放头指针拖至第 4 秒，设置"缩放"值为127，"不透明度"值为 100，查看效果，如图2.5.33 所示。

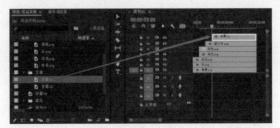

图2.5.31

图2.5.35

图2.5.32　　　　图2.5.33

03　将"字幕 02"素材拖至 V8 轨道上，设置起始帧为第 4 秒，结束帧为第 10 秒，如图2.5.34 所示。

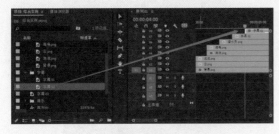

图2.5.34

04　在第 4 秒为"缩放"添加一个关键帧，设置"缩放"值为 70.0，为"不透明度"添加一个关键帧，设置"不透明度"值为 0.0%，如图 2.5.35所示。将播放头指针拖至第 5 秒，设置"缩放"值为 100，"不透明度"值为 100.0%，查看效果，如图 2.5.36 和图 2.5.37 所示。

图2.5.36　　　　　图2.5.37

05　将"字幕 03"素材拖至 V9 轨道上，在第 5 秒为"缩放"添加一个关键帧，设置"缩放"值为 70.0，为"不透明度"添加一个关键帧，设置"不透明度"值为 0.0%，如图2.5.38 所示。将播放头指针拖至第 6 秒，设置"缩放"值为100.0，"不透明度"值为 100.0%，查看效果，如图 2.5.39 和图 2.5.40 所示。

图2.5.38

图2.5.39　　　　　　图2.5.40

06　在"节目监视器"面板中单击"播放停止切换"按钮▶，预览字幕的动画效果，如图 2.5.41~图 2.5.46 所示。

01　继续实例的操作。将"项目"面板中的"音乐.mp3"素材添加到"时间线"面板的 A1 轨道中，将其入点放置在第 0 秒，如图 2.5.47 所示。

图2.5.47

图2.5.41　　　　　　图2.5.42

02　将播放头指针拖至第 10 秒，单击"工具"面板中的"剃刀工具"按钮◇，并在此时间点上单击，将音频素材分割。选中音频素材后面多余的音频，按 Delete 键将其删除，如图 2.5.48 和图 2.5.49 所示。

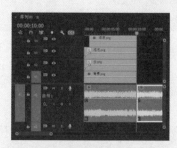

图2.5.48

图2.5.43　　　　　　图2.5.44

图2.5.49

图2.5.45　　　　　　图2.5.46

03　展开 A1 轨道，分别在第 0 秒、第 1 秒、第 8 秒和第 10 秒为音乐素材添加关键帧，并向下拖动第 0 秒和第 10 秒的关键帧，将其音量调为最小，制作声音的淡入淡出的效果，如图 2.5.50~ 图 2.5.52 所示。

图2.5.50

图2.5.51

图2.5.52

图2.5.53

02 此时，选中的路径文件夹中将出现打包的素材文件，如图2.5.54所示。

图2.5.54

2.5.7 项目打包

在剪辑视频时，经常会将文件备份或移至其他的位置，那么当文件移动位置后，通常会出现素材丢失等现象，所以需要将文件进行打包处理，方便文件移动位置后也能快速找到。

01 打开素材文件，在 Premiere Pro 的菜单栏中执行"文件"→"项目管理"命令，此时会弹出"项目管理器"对话框，在其中选中"序列01"选项，因为该序列是我们需要使用的序列文件。接下来在"生成项目"选项区选中"收集文件并复制到新位置"单选按钮，单击"浏览"按钮选择文件的目标路径。最后单击"确定"按钮，完成素材的打包操作。此时要注意，尽量选择空间较大的磁盘进行存储，如图2.5.53所示。

2.5.8 输出视频

01 继续实例的操作。执行"文件"→"导出"→"媒体"命令，弹出"导出设置"对话框，在"格式"下拉列表中选中一种视频格式（如 H.264），在"输出名称"文本框中输入输出视频文件的名称，如图2.5.55和图2.5.56所示。

02 在弹出的"另存为"对话框中设置存储文件的名称和路径，然后单击"保存"按钮，返回"导出设置"对话框。在"音频"选项卡中设置音频的参数，然后单击"导出"按钮，将项目文件导出为视频文件，如图2.5.57和图2.5.58所示。

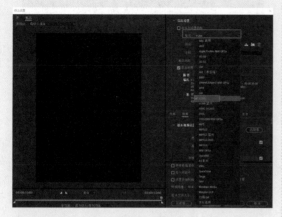

图2.5.55

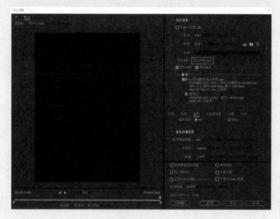

图2.5.56

图2.5.57

图2.5.58

03　将项目文件导出为视频文件后，可以在相应的
位置找到该文件，并且可以使用媒体播放器对
该文件进行播放。至此，完成了本例的制作。

第3章
视频后期编辑

3.1 认识剪辑

剪辑的主要目的是对所拍摄的镜头（视频）进行分割、取舍，重新排列组合为一个有节奏、有故事性的作品。接下来学习在 Premiere Pro 2022 中进行视频剪辑所涉及的主要知识点。

3.1.1 剪辑的概念

剪辑可理解为裁剪、编辑，它是视频制作中必不可少的一道工序，在一定程度上决定着作品的质量，更是视频的升华和创作的主要手段，通过剪辑能影响作品的叙事性、节奏性和情感表现。"剪"和"辑"是相辅相成的，二者不可分离，其本质是通过视频中主体动作的分解组合来完成蒙太奇形象的塑造，从而传达故事情节，完成内容叙述，如图 3.1.1 所示。

图3.1.1

3.1.2 蒙太奇的概念

提到剪辑，我们就必须了解"蒙太奇"。蒙太奇翻译为中文就是"剪接"的意思，是指视频通过画面或声音进行组接，用于叙事、创造节奏、营造氛围、刻画情绪。剪辑的过程可以按照时间的顺序操作，也可以进行非线性操作，从而制作出倒叙、重复、节奏变化等视频效果。例如，影片中将多个平行时间发生的事情一起展现给观众，或者影片中刺激动态的镜头突然转到缓慢静止的画面，这些都会使观众产生心理的波动和不同的感受。蒙太奇的方式有很多，常见的有平行蒙太奇、交叉蒙太奇、颠倒蒙太奇、心理蒙太奇、抒情蒙太奇等，如图 3.1.2 所示。

图3.1.2

3.1.3 景别的概念

景别是指被摄主体和画面形象在屏幕框架结构中所呈现的大小和范围，景别分为 5 种，分别意味着画面中景物的范围和主体的大小。

1. 特写

"特写"是指充满画面的形象，以人的躯干部分为例，是一个离得很近的人物的全脸镜头，表现出眼睛中所有的细节信息，并通过人物的眼睛、嘴巴和面部肌肉来传递微妙的情感——男性的健康状况、胡须，以及女性的妆容细节都十分清晰。

2. 近景

"近景"是指表现人物胸部以上或者景物局部面貌的画面。在表现人物的时候，近景画面中的人物占据一半以上的画幅，此时，人物的头部尤其是眼睛将成为观众注意的焦点。

3. 中景

"中景"是影片创作中最常用的景别之一，它能在人物对话、聆听或做不涉及太多肢体和头部运动的动作时，提供很多有关这个人物的信息。在这种取景中，观众通常会关注画面中人物的面部表情，所以人物的肢体动作和周围环境中的物体就变得无足轻重了。

4. 全景

"全景"是指表现景物全貌或者人物全身状态的画面。它既可以表现单人的全貌，也可以同时表现多人。从表现人物的情况来说，全景又可以称作"全身镜头"，在画面中，人物的比例关系大致与画幅高度相同。

5. 远景

"远景"是指人物在画幅中的大小通常不超过画幅高度的一半，用来表现开阔的场面或广阔的空间，因此，这样的画面在视觉感受上更加辽阔、深远，节奏上也比较舒缓，一般用来表现开阔的场景或远处的人物。

3.1.4 剪辑的节奏

剪辑的节奏可以影响作品的叙事方式和视觉感受，能够推动影片的情节发展，如图3.1.3所示。

常见的剪辑节奏可以分为以下5种。

1. 静接静

"静接静"是指在一个动作结束时另一个动作以静的形式切入，通俗来讲，上一帧结束在静止的画面上，下一帧以静止的画面开始。"静接静"

同时还包括场景转换和镜头组接等，它不强调视频运动的连续性，更多注重的是镜头的连贯性。

图3.1.3

2. 动接动

"动接动"是指在镜头运动中通过推、拉、移等动作表现主体的切换，以接近的方向或速度进行镜头组接，从而产生动感效果。例如人物的运动、景物的运动等，借助此类素材进行动态组接。

3. 静接动／动接静

"静接动"是指动感微弱的镜头与动感明显的镜头进行组接，在节奏上和视觉上具有很强的推动感；"动接静"与"静接动"相反，同样会产生抑扬顿挫的画面感觉。

4. 分剪

"分剪"的字面意思是将一个镜头剪开，分成多个部分，它不仅可以弥补在前期拍摄中素材不足的情况，还可以剪掉画面中因卡顿、忘词等废弃片段，从而增强画面的节奏感。

5. 拼剪

"拼剪"是指将同一段视频重复拼接，通常在素材不够长或缺失素材时可以使用这种方法进行弥补，该方法具有延长镜头时间、酝酿观众情绪等作用。

3.2 素材剪辑的基本操作

素材剪辑的基本操作包括在剪辑过程中所能使用到相关面板命令的功能介绍和操作方法。

3.2.1 在"源监视器"面板中预览素材

在将素材放入视频序列之前，可以使用"源监视器"面板预览和修整这些素材。要使用"源监视器"面板预览素材，只需将"项目"面板中的素材拖入"源监视器"面板，然后单击"播放－停止切换"按钮▶即可，如图3.2.1所示。

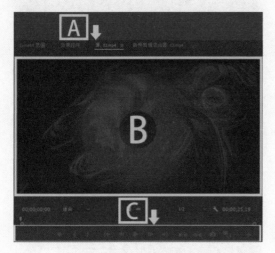

图3.2.1

A："源监视器"面板。

B："源监视器"面板，用于预览素材。

C："源监视器"面板的工具，介绍如下。

※ ▣ "设置标记"：在素材的任意一点设置标记。

※ ▮ "标记入点"：指定素材开始帧的位置，被称为"入点"。

※ ▮ "标记出点"：指定素材结束帧的位置，被称为"出点"。

※ ◄▮ "跳转入点"：跳转至入点位置。

※ ◄▮ "步退"：后退一帧。

※ ▶ "播放－停止切换"：播放或停止播放素材。

※ ▮▶ "步进"：前进一帧。

※ ▶▮ "跳转出点"：跳转至出点位置。

※ ▣ "插入"：在播放头指针的位置添加素材，播放头指针后面的素材向后移动。

※ ▣ "覆盖"：在播放头指针的位置添加素材，重复部分被覆盖，并不会向后移动。

※ ▣ "导出单帧"：导出单帧到项目中。

※ ▣ "比较视图"：如果对视频进行过编辑，单击"比较视图"▣按钮，将会将两个版本的同帧视频进行对比显示，如图3.2.2所示。

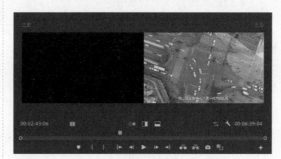

图3.2.2

※ ▣ "按钮编辑器"：重置工具布局，单击"源监视器"右下角的"按钮编辑器"按钮，在弹出的"按钮编辑器"对话框中，选择要使用的按钮，拖入下方蓝色框中，单击"确定"按钮，即可重置工具栏布局，如图3.2.3所示。

※ ▶▶ "播放邻近区域"：单击该按钮，可播放时间线附近的素材。

图3.2.3

*  "循环播放"：单击该按钮，可以将当前的文件素材循环播放。

* "安全边距"：单击该按钮，可以在画面周围显示安全框。

* "隐藏字幕显示"：单击该按钮，可以隐藏字幕。

* "切换代理"：单击该按钮，可以将当前素材切换为代理素材。

* "切换 VR 视频显示"：单击该按钮，可以切换到 VR 视频显示状态。

* "切换多机位视图"：单击该按钮，切换到多机位视图模式，可以编辑从不同的机位同步拍摄的视频素材。

* "选择缩放级别"：选择缩放比例，调整监视器中显示画面的大小。

* "选择回放分辨率"：控制在播放视频时所显示视频的分辨率，这个选项不会影响源视频，只是在播放时为流畅预览提供的功能。如果编辑时播放卡顿就将分辨率降到 1/2 或 1/4，在播放时会变模糊，但不影响影片最终生成的质量。

3.2.2 子剪辑设置

子剪辑设置的操作步骤如下。

01　启动 Premiere Pro，在欢迎窗口中单击"新建项目"按钮，也可以在 Premiere Pro 工作窗口

中执行"文件"→"新建"→"项目"命令，并在弹出的"新建项目"对话框中设置文件的名称以及项目存储位置，如图 3.2.4 所示。

图3.2.4

02　执行"文件"→"新建"→"序列"命令，弹出"新建序列"对话框，设置序列名称，单击"确定"按钮，新建序列，如图 3.2.5 所示。

图3.2.5

03　导入需要处理的素材内容，执行"剪辑"→"编辑子剪辑"命令，在弹出的"编辑子剪辑"对话框中选中"将修剪限制为子剪辑边界"复选框，单击"确定"按钮，如图 3.2.6 所示。

图3.2.6

3.2.3 "工具"面板

"工具"面板主要用来对"时间线"面板中的素材进行编辑，通过"工具"面板，用户可以在"时间线"面板中完成素材的移动、剪辑、对齐、创建关键帧，以及对时间线进行缩放等操作，如图3.2.7所示。熟练掌握"工具"面板中各个工具的使用方法，是学好 Premiere Pro 的必经之路。

图3.2.7

"工具"面板中的工具详解如下。

选择工具：用于选择和移动时间线上的素材，例如，调节关键帧和淡化线、设置对象入点和出点等。"选择工具"是使用最频繁的工具，可以选择并移动轨道上的片段，如果要移动片段的边缘，可以以拖曳方式裁剪片段。

向前选择轨道工具 / 向后选择轨道工具：选择箭头方向的全部素材，如图 3.2.8 所示。

■ 向前选择轨道工具 (A)
　向后选择轨道工具 (Shift+A)

图3.2.8

波纹编辑工具：用于改变影片的入点和出点。在剪辑好的素材上改变素材的时间长度，将鼠标放在素材的开始或结束的位置，拖动鼠标，完成对素材的缩放，同时其他的素材会自动进行调整。如果将素材进行了编组处理，也可以配合

Alt 键，直接对单个素材进行编辑，如图3.2.9所示。

■ 波纹编辑工具 (B)

图3.2.9

滚动编辑工具：选择该工具，在更改素材出、入点时相邻素材的出、入点也会随之改变，如图3.2.10所示。

■ 滚动编辑工具 (N)

图3.2.10

比率拉伸工具：选择该工具，可以更改素材的长度和帧速率，如图 3.2.11 所示。

■ 比率拉伸工具 (R)

图3.2.11

剃刀工具：这是使用非常频繁的工具，用于对素材的剪辑。如果音视频链接被打断，单纯使用"剃刀工具"，只能对素材的视频或者音频部分进行剪辑，配合使用 Shift 键，可以同时对音视频轨道进行剪辑。在没有断开音视频链接的时候，可以配合 Alt 键，单独对音频或视频进行剪辑。

外滑工具：在不改变素材在轨道中的位置和长度的情况下，使用该工具可以改变素材的入点和出点，相当于重置入点和出点。编辑方法为，将"外滑工具"放置到需要改变入点和出点的素材上，然后拖动它，可以通过查看"监视器"窗口的时间码精确操作。

内滑工具：改变相邻素材的出、入点位置，如图 3.2.12 所示。

■ 外滑工具 (Y)
　内滑工具 (U)

图3.2.12

钢笔工具：在"时间线"面板上，可以通过使用"钢笔工具"调整参数或添加关键帧，如图 3.2.13 所示。

■ 钢笔工具 (P)

图3.2.13

■矩形工具：可以在监视器面板中绘制矩形。

◯椭圆工具：可以在监视器面板中绘制椭圆形，如图 3.2.14 所示。

图3.2.14

♨手掌工具：可以拖动"时间线"面板中的片段，调整其显示位置。

🔍缩放工具：可以放大或缩小"时间线"面板中的素材。

Ⓣ文字工具：可在监视器面板中单击并输入横排文字。

ⓘⓉ垂直文字工具：可在监视器面板中单击并输入直排文字。

3.2.4 "时间线"面板

"时间线"面板可以编辑和剪辑音视频素材，为影片添加字幕和效果等，是 Premiere Pro 最重要面板，如图 3.2.15 所示，主要组件使用方法如下。

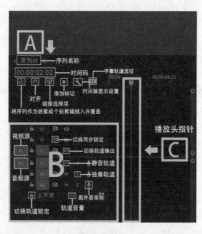

图3.2.15

00:00:02:02 播放指示器位置：显示当前播放头指针所在的位置。

▓播放头指针：单击并拖动播放头指针，即可显示当前时间位置的素材画面。

🔒切换轨道锁定：单击该按钮，该轨道停止使用。

🔄切换同步锁定：单击该按钮，可限制在修剪期间的轨道转移。

👁切换轨道输出：单击该按钮，即可隐藏该轨道中的素材，以黑场视频的形式呈现在"节目监视器"中。

Ⓜ静音轨道：单击该按钮，音频轨道会将当前的声音静音。

Ⓢ独奏轨道：单击该按钮，该轨道成为独奏轨道。

🎤画外音录制：单击该按钮，可以通过录音设备（麦克风）录音。

0.0 轨道音量：该数值越大，轨道中素材的音量越大。

◯─────◯更改缩进级别：更改时间线的时间间隔，向左滑动级别增大，素材所占面积较小；反之，级别变小，素材所占面积较大。

V1 视频轨道：可以在该轨道中编辑静帧图像、序列、视频文件等素材。

A1 音频轨道：可以在该轨道中编辑音频素材。

1. 关于时间码

视频中的每一帧都有一个唯一的时间码，根据不同的使用国家和地区（也可以根据自己的习惯），选择不同的时间码格式，如图 3.2.16 所示。

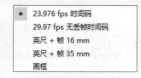

图3.2.16

备注： 非丢帧格式的 PA 制式视频，其时间码中的分隔符为冒号（:），而丢帧格式的 NTSC 制式视频，其时间码中的分隔符为分号（;），例如，00:00;30:00

2. 定位与查找

在时间码上，按时间定位，输入 :011520，则定位到 00:01:15:20；输入 :0500，则定位到 00:00:05:00，即第 5 秒。在时间码上，若要按帧号定位，首先右击时间码，在弹出的快捷菜单中选择"帧"选项，输入的数字就是要定位的帧号。

如果要在时间线中按剪辑名等进行查找，按快捷键 Ctrl+F，弹出"在时间轴中查找"对话框，按照要搜索的目标属性进行设置即可，如图 3.2.17 所示。

图3.2.17

3.2.5 缩放时间线轨道

有时候时间线的素材轨道会很短，不利于操作，如何放大呢？有两种方法。第一种是按下键盘上的 + 或 − 键，对时间线轨道进行缩放；第二种是按住 Alt 键滚动鼠标滚轮。注意：这两种方法都是以鼠标指针的位置作为缩放中心的。

3.2.6 添加与删除轨道

Premiere Pro 2022 软件支持视频轨道、音频轨道和音频子混合轨道各 103 个，完全满足影视编辑的需要，具体的操作步骤如下。

01 启动 Premiere Pro，新建项目和序列。在轨道编辑区的空白区域右击，在弹出的快捷菜单中选择"添加轨道"选项，如图 3.2.18 所示。

02 弹出"添加轨道"对话框，在其中可以添加视频轨道、音频轨道和音频子混合轨道。单击"添加"后的数字 1，出现文本框，输入数字 2，单击"确定"按钮，即可添加两条视频轨道，

如图 3.2.19 所示。

图3.2.18

图3.2.19

03 在轨道编辑区的空白区域右击，在弹出的快捷菜单栏中选择"删除轨道"选项，如图 3.2.20 所示。

图3.2.20

04 弹出"删除轨道"对话框，选中"删除音频轨道"复选框，单击"确定"按钮，如图 3.2.21 所示。

图3.2.21

05 此时的轨道分布情况，如图 3.2.22 所示。

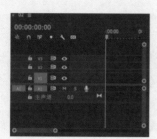

图3.2.22

3.2.7 剪辑素材文件

将素材导入项目后，剪辑素材的操作是不可或缺的，具体的操作步骤如下。

01 启动 Premiere Pro，单击"新建项目"按钮，在弹出的"新建项目"对话框中，设置项目名称和存放的位置，单击"确定"按钮，如图 3.2.23 所示。

图3.2.23

02 执行"文件"→"新建"→"序列"命令，在弹出的"新建序列"对话框中，保存默认设置，单击"确定"按钮，如图 3.2.24 所示。

03 进入 Premiere Pro 操作界面，执行"文件"→"导入"命令，在弹出的"导入"对话框中，选择

需要导入的素材文件，单击"打开"按钮，如图 3.2.25 所示。

图3.2.24

图3.2.25

04 在"项目"面板中选择素材，按住鼠标左键将其拖至"源监视器"面板中，然后释放鼠标，如图 3.2.26 所示。

05 将时间滑块放置在 00:00:00:00，单击"标记入点"按钮，标记入点，如图 3.2.27 所示。

06 将时间滑块放置在 00:02:06:00，单击"标记出点"按钮，标记出点，如图 3.2.28 所示。

07 将素材从"项目"面板中拖入"时间线"面板中，即可看到素材的播放时间由原来的 4 分 11 秒变成了现在的 2 分 06 秒，如图 3.2.29 所示。

图3.2.26

图3.2.27

图3.2.28

图3.2.29

3.2.8 设置标记点

素材开始帧的位置被称为"入点",素材结束帧的位置被称为"出点"。下面介绍如何使用"选择工具"设置素材的入点和出点,具体的操作步骤如下。

01 打开项目文件,在"项目"面板中导入素材,并将素材添加到"时间线"面板中,将播放头指针移至影片起始的位置,如图 3.2.30 所示。

图3.2.30

02 选择"工具"面板中的"选择工具" ▶,移至"时间线"中素材的左侧边缘,单击边缘,并将其拖至播放头指针的位置,即可设置素材的入点。在单击并拖动素材时,时间码会显示在该素材的旁边,显示编辑更改的精确数值,如图 3.2.31 所示。

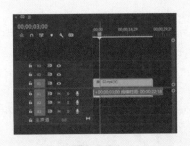

图3.2.31

03 将"选择工具"移至"时间线"中素材的右侧边缘，单击边缘，并将其拖至作为素材结束点的位置，即可设置素材的出点。在单击并拖动素材时，时间码会显示在该素材的旁边，显示编辑更改的精确数值，如图3.2.32所示。

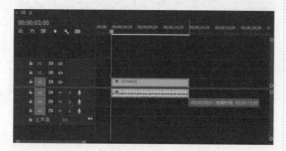

图3.2.32

3.2.9　调整素材的播放速度

因为影片的需要，有时为了增加画面的表现力，需要将素材快放或慢放，此时就需要调整素材的播放速度，具体的操作步骤如下。

01 打开项目文件，导入素材，将素材拖入"时间线"面板中，如图3.2.33所示。

图3.2.33

02 选择"时间线"面板中的素材并右击，在弹出的快捷菜单中选择"速度/持续时间"选项，弹出"剪辑速度/持续时间"对话框，在"速度"文本框中输入200，并选中"保持音频音调"复选框，单击"确定"按钮完成设置，如图3.2.34所示。这样加快播放速度后依然可以保持音频的音调。

03 设置参数后可以在"节目监视器"面板中预览

调整播放速度后的效果。

04 若要倒放视频，选择"时间线"面板中的素材并右击，在弹出的快捷菜单中选择"速度/持续时间"选项，弹出"剪辑速度/持续时间"对话框，选中"倒放速度"复选框，整个视频文件就会倒放，单击"确定"按钮完成设置，如图3.2.35所示。

图3.2.34　　　　　图3.2.35

3.2.10　实例：为素材设置标记

下面是以实例的形式详细介绍为素材设置标记的操作方法。

01 打开项目文件，在"项目"面板中导入素材，将素材拖入"源监视器"面板中。设置时间为00:00:04:23，单击"标记入点"按钮以添加入点，在"源监视器"面板下方会出现一个入点标记，如图3.2.36所示。

图3.2.36

02 设置时间为00:00:14:15，单击"标记出点"按钮以添加出点，在"源监视器"面板下方会出现一个出点标记，如图3.2.37所示。

图3.2.37

03 将素材从"源监视器"面板中拖入"时间线"

面板，如图 3.2.38 所示。

图3.2.38

04 这段素材有链接的音频，需要将音频删除。选择"时间线"面板中的素材并右击，在弹出的快捷菜单中选择"取消链接"选项，解除视频和音频之间的链接，如图 3.2.39 所示。

图3.2.39

05 选择取消链接后的音频素材，执行"编辑"→"清除"命令，清除音频，如图 3.2.40 所示。

图3.2.40

06 在"源监视器"面板中设置时间为 00:00:20:20，单击"标记入点"按钮以添加入点，在"源监视器"面板下方会出现一个入点标记，如图 3.2.41 所示。

图3.2.41

07 在"源监视器"面板中设置时间为 00:00:31:15，单击"标记出点"按钮以添加出点，在"源监视器"面板下方会出现一个出点标记，如图 3.2.42 所示。

图3.2.42

08 将"源监视器"面板中的素材拖入"时间线"面板中，放置在第一段素材后面，如图 3.2.43 所示。

图3.2.43

09 选择"时间线"面板中的音频素材并右击，在弹出的快捷菜单中选择"取消链接"选项，解除视频和音频的链接关系。选择"时间线"面板中的音频素材并右击，在弹出的快捷菜单中选择"清除"选项，清除音频，如图 3.2.44 所示。

图3.2.44

10 在"源监视器"面板中设置时间为 00:00:36:21，单击"标记入点"按钮，添加入点标记，如图 3.2.45 所示。

图3.2.45

11 在"源监视器"面板中设置时间为00:00:52:
15,单击"标记出点"按钮,添加出点标记,
如图3.2.46所示。

图3.2.46

12 将素材从"源监视器"面板中拖入"时间线"
面板,并与前一段素材相邻,如图3.2.47所示。

图3.2.47

13 采用同样的方法,取消音视频的链接并清除音
频,如图3.2.48所示。

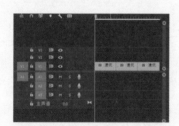

图3.2.48

14 打开"效果"面板,弹出"视频过渡"文件夹,
再展开"溶解"文件夹,选择"交叉溶解"特
效,将其拖至"时间线"面板中的第一段素材
和第二段素材之间,如图3.2.49所示。

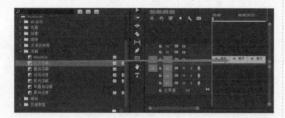

图3.2.49

15 在"效果"面板中选择"溶解"文件夹中的"胶
片溶解"特效,将其拖至视频轨道中的第二段
素材和第三段素材之间,如图3.2.50所示。

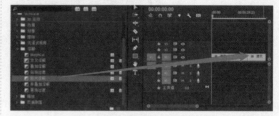

图3.2.50

16 在"效果"面板中选择"溶解"文件夹中的"黑
场过渡"特效,将其拖至"时间线"面板中最
后一段素材的结束处,如图3.2.51所示。

图3.2.51

17 按空格键预览效果,如图3.2.52所示。

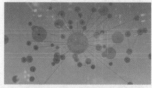

图3.2.52

3.3 分离素材

Premiere 分离素材的方法有很多，包括切割素材、提升和提取编辑、插入和覆盖编辑等。下面具体介绍分离素材的操作方法。

3.3.1 切割素材

"工具"面板中的"剃刀工具"可以快速剪辑素材，下面介绍具体的操作方法。

01 打开项目文件，将素材添加到"时间线"面板中，将播放头指针移至想要切割的帧上，在"工具"面板中选择"剃刀工具"，如图 3.3.1 所示。

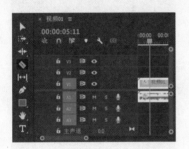

图3.3.1

02 单击播放头指针选择的帧，即可切割目标轨道上的素材，如图 3.3.2 所示。

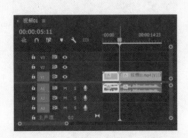

图3.3.2

3.3.2 插入和覆盖编辑

插入编辑是指在播放头指针位置添加素材，播放头指针后面的素材向后移动；而覆盖编辑是指在播放头指针位置添加素材，重复部分被覆盖，并不会向后移动。下面介绍插入和覆盖编辑的操作方法。

01 打开项目文件，将播放头指针放置在合适的位置，将"项目"面板中的 02.png 素材拖入"源监视器"面板，单击"源监视器"面板下方的"插入"按钮，如图 3.3.3 和图 3.3.4 所示。

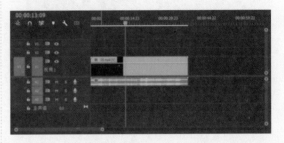

图3.3.3

图3.3.4

02 此时在播放头指针位置已插入素材，可以看到序列的出点向后移动了 5 秒，如图 3.3.5 所示。

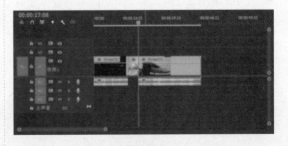

图3.3.5

03 保持播放头指针的位置不变，将"项目"面板中的 04.jpg 素材拖入"源监视器"面板，单击"源监视器"面板下方的"覆盖"按钮，如图 3.3.6 所示。

图3.3.6

04 此时在播放头指针位置已添加素材，如图 3.3.7 所示。

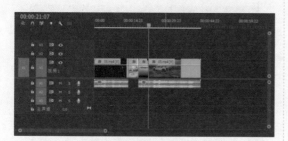

图3.3.7

3.3.3 提升和提取编辑

通过执行"提升"或"提取"命令，可以使用序列标记从"时间线"中轻松移除素材片段。在执行"提升"命令时，从"时间线"中提升出一个片段，然后在已删除素材的位置留下一段空白区域；在执行"提取"命令时，移除素材的一部分，然后素材后面的帧会前移，补上删除部分的空缺，因此不会有空白区域。下面介绍提升和提取编辑的操作方法。

01 打开项目文件，将播放头指针放置在 00:00:03:08，按 I 键标记入点，如图 3.3.8 所示。

图3.3.8

02 将播放头指针放置在 00:00:10:05，按 O 键标记出点，如图 3.3.9 所示。

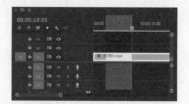

图3.3.9

03 执行"序列"→"提升"命令，或者单击"节目监视器"面板中的"提升"按钮，即可完成提升操作，如图 3.3.10 所示。

图3.3.10

04 执行"编辑"→"撤销"命令，撤销上一步操作，使素材回到执行"提升"命令前的状态，如图 3.3.11 所示。

图3.3.11

05 执行"序列"→"提取"命令，或者单击"节目监视器"面板中的"提取"按钮，即可完成提取操作，此时从入点到出点之间的素材都已被移除，并且出点之后的素材向前移动，没有留下空白，如图 3.3.12 所示。

图3.3.12

3.3.4 分离和链接素材

在 Premiere Pro 中处理带有音频的视频文件时，有时需要把视频和音频分离进行不同的处理，这就需要用到分离操作。而某些单独的视频和音频需要同时编辑，就需要将它们链接起来，以便于操作。

要将链接的音视频分离，只需要执行"剪辑"→"取消链接"命令，即可分离视频和音频，此时视频素材的名称后面少了 V 字符，如图 3.3.13 所示。

图3.3.13

若将视频和音频链接起来，只需要同时选中要链接的视频和音频素材，执行"剪辑"→"链接"命令，即可链接视频和音频素材，而原来的视频素材的名称后面多了 V 字符，如图 3.3.14 所示。

图3.3.14

3.3.5 实例：在素材中间插入新的素材

下面以实例的形式，讲述在素材中插入新的素材的操作方法。

01 在"项目"面板中右击，在弹出的快捷菜单中选择"导入"选项，在弹出的对话框中选择需要导入的素材，单击"打开"按钮。

02 在"项目"面板中选择"视频 01.mp4"素材，将其拖至视频轨道中，并将播放头指针移至合适的位置（00:00:04:11），如图 3.3.15 所示。

图3.3.15

03 在"项目"面板中选择"视频 02.mp4"素材，将其拖入"源监视器"面板中查看效果，然后单击"源监视器"面板下方的"覆盖"按钮。回到"时间线"面板，可以发现此时"视频 02.mp4"素材已经添加到了视频轨道中，如图 3.3.16 所示。

图3.3.16

04 在"项目"面板中选择"视频 03.mp4"素材，将其拖至视频轨道中，在"节目监视器"面板中，设置时间为 00:00:26:13，单击"标记入点"按钮标记入点，如图 3.3.17 所示。

05 在"节目监视器"面板中，设置时间为 00:00:51：

20，单击"标记出点"按钮标记出点，如图 3.3.18所示。

图3.3.17

图3.3.18

06　单击"节目监视器"面板下方的"提取"按钮，回到"时间线"面板，可以发现此时视频轨道中的"视频03.mp4"素材中间提取了一段且不留空白，如图3.3.19所示。

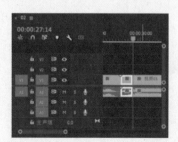

图3.3.19

07　在"项目"面板中选择"视频04.mp4"素材，将其拖入"源监视器"面板，在"源监视器"面板中查看素材，设置时间为00:00:16:06，单击"标记入点"按钮添加入点标记，如图3.3.20所示。

图3.3.20

08　在"节目监视器"面板中，设置时间为00:00:49:21，单击"标记出点"按钮添加出点标记，如图3.3.21所示。

图3.3.21

09　单击"源监视器"面板下方的"插入"按钮，在视频轨道中插入入点和出点之间的素材，如图3.3.22所示。

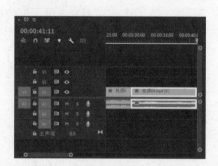

图3.3.22

10 在"项目"面板中选择"视频01.mp4"素材，将其拖至"时间线"面板中所有素材的末端，将鼠标放置在素材左侧，按住鼠标左键，向右拖至合适的位置，如图3.3.23所示。

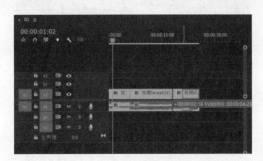

图3.3.23

11 释放鼠标剪辑素材，选中剩下的部分素材，按

住鼠标左键移至与前一段素材衔接的位置，如图3.3.24所示。

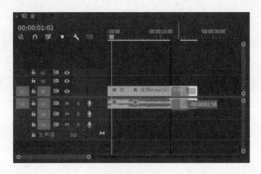

图3.3.24

12 按空格键预览影片效果，执行"文件"→"保存"命令，保存项目。

3.4 创建 Premiere Pro 背景元素

在使用 Premiere Pro 进行视频编辑的过程中，借助 Premiere Pro 自带的背景元素，可以为文本或图像创建颜色遮罩、透明视频、彩条、倒计时片头等内容。

3.4.1 通用倒计时片头

通用倒计时片头是一段有倒计时动画的视频素材，常用于影片的开头。在 Premiere Pro 2022 中可以快速创建倒计时片头，还可以调整其中的参数并使之更适合于影片。下面介绍通用倒计时片头的具体操作方法。

01 执行"文件"→"新建"→"通用倒计时片头"命令，在弹出的"新建通用倒计时片头"对话框中设置视频的宽度和高度，然后单击"确定"按钮，如图3.4.1所示。

图3.4.1

02 在弹出的"通用倒计时设置"对话框中根据需

要设置倒计时视频的颜色和音频提示音，如图3.4.2所示。

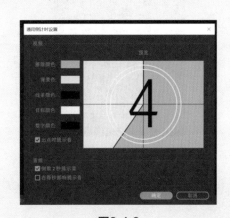

图3.4.2

03 单击"确定"按钮,所创建的"通用倒计时片头"素材将显示在"项目"面板中,如图 3.4.3 所示。

图3.4.3

3.4.2　彩条和黑场

彩条是一段带音频的彩条视频素材,也就是电视机上在正式转播节目之前显示的彩条,多用于颜色的校对,其音频是持续的"嘟"的音调。

黑场视频是一段黑屏画面的视频素材,该视频多用于转场。默认的时间长度与默认的静止图像持续时间相同。

下面讲述彩条和黑场的相关操作步骤。

01 单击"项目"面板中的"新建项目"按钮,新建一个"序列"并右击,在弹出的快捷菜单中选择"彩条"选项,在弹出的"新建色条和色调"对话框中设置视频的宽度和高度,如图 3.4.4 所示。

图3.4.4

02 单击"确定"按钮,即可在"项目"面板中创建彩条对象,如图 3.4.5 所示。

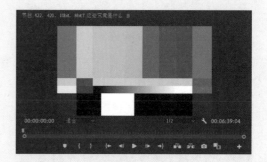

图3.4.5

03 单击"项目"面板中的"新建项目"按钮,在弹出的菜单中执行"黑场视频"命令,在弹出的"新建黑场视频"对话框中设置视频的宽度和高度,如图 3.4.6 所示。

图3.4.6

04 单击"确定"按钮,即可在"项目"面板中创建黑场视频,如图 3.4.7 所示。

图3.4.7

3.4.3　颜色遮罩

颜色遮罩相当于一个单一颜色的图像素材,可以用于视频背景,或者通过其设置不透明度参数及图像混合模式,对下层视频轨道中的图像应用色彩调整效果。下面介绍创建颜色遮罩的具体操作步骤。

01　启动 Premiere Pro 2022，新建项目和序列。执行"文件"→"导入"命令，在弹出的"导入"对话框中，选择需要导入的素材文件，单击"打开"按钮，导入素材，如图 3.4.8 所示。

图3.4.8

02　将素材拖至视频轨道中，如图 3.4.9 所示。

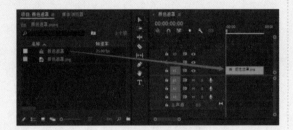

图3.4.9

03　在"项目"面板中单击"新建项目"按钮，在弹出的菜单中执行"颜色遮罩"命令，弹出"新建颜色遮罩"对话框，单击"确定"按钮，如图 3.4.10 所示。

图3.4.10

04　在弹出的"拾色器"对话框中选择颜色，单击"确定"按钮完成设置，如图 3.4.11 所示。

05　在弹出的"选择名称"对话框中设置素材名称，单击"确定"按钮，如图 3.4.12 所示。

图3.4.11

图3.4.12

06　将"项目"面板中的"颜色遮罩"素材拖至视频轨道中，如图 3.4.13 和图 3.4.14 所示。

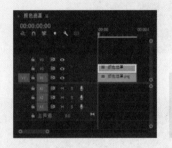

图3.4.13　　　　**图3.4.14**

07　选择视频轨道中的"颜色遮罩"素材，进入"效果控件"面板，展开"不透明度"效果，单击"混合模式"下拉列表，选择"差值"选项，如图 3.4.15 和图 3.4.16 所示。

图3.4.15　　　　**图3.4.16**

08　查看图像素材添加颜色遮罩的效果，如图 3.4.17 和图 3.4.18 所示。

图3.4.17　　　　　图3.4.18

3.4.4　透明视频

透明视频是一个不含音频的透明图像素材，相当于一个透明的图像文件。它可以用于时间占位或为其添加视频效果，生成具有透明背景的图像内容，或者编辑需要的动画效果，如图3.4.19和图3.4.20所示。

图3.4.19

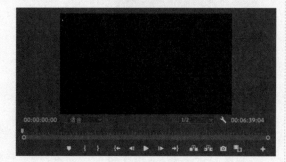

图3.4.20

3.4.5　实例：制作倒计时片头

下面以实例的形式，详细介绍倒计时片头的制作方法。

01　启动 Premiere Pro 2022，新建项目和序列。执行"文件"→"导入"命令，导入素材。

02　执行"编辑"→"首选项"→"时间线"命令，

弹出"首选项"对话框，设置"静止图像默认持续时间"为25帧，单击"确定"按钮，完成设置，如图3.4.21所示。

图3.4.21

03　执行"文件"→"新建"→"彩条"命令，弹出"新建色条和色调"对话框，单击"确定"按钮，在"项目"面板中创建"彩条"素材，如图3.4.22所示。

图3.4.22

04　将"项目"面板中的"彩条"素材拖至视频轨道，如图3.4.23所示。

图3.4.23

05 在"项目"面板中选择"背景.png"素材,将其拖至视频轨道中,在"剪辑速度/持续时间"对话框中设置持续时间为8秒。在"时间线"面板中设置"缩放"值为218.0,如图3.4.24和图3.4.25所示。

图3.4.24　　　　图3.4.25

06 执行"文件"→"新建"→"旧版标题"命令,弹出"新建字幕"对话框,单击"确定"按钮,如图3.4.26所示。

图3.4.26

07 在弹出的"字幕编辑器"对话框中输入数字8,设置字体、大小、颜色、位置及阴影等,单击右上角的"关闭"按钮完成设置,如图3.4.27所示。

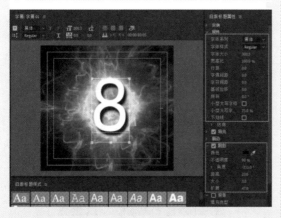

图3.4.27

08 选择"项目"面板中的"字幕01"并右击,在弹出的快捷菜单中选择"复制"选项,其重复7次,如图3.4.28所示。

图3.4.28

09 双击"项目"面板中的"字幕01"素材,弹出"字幕编辑器"对话框,将数字8改为7,其他参数设置不变,单击右上角的"关闭"按钮完成设置,如图3.4.29所示。

图3.4.29

10 采用同样的方法,将其他6个"字幕01"素材分别改为6、5、4、3、2、1。在"项目"面板中,按倒序选择字幕素材,并将其拖至2轨道上,如图3.4.30所示。

图3.4.30

11 用"选择工具"单击"字幕01"素材,当鼠标变成边缘图标后,按住鼠标左键并向右移动10帧,释放鼠标即可切割素材。采用同样的方法,为最后一个字幕素材增加10帧,结果如图3.4.31所示。

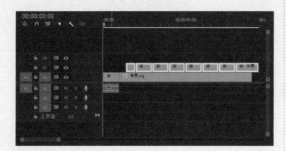

图3.4.31

12 选择"时间线"中的所有字幕素材,向左移动,以对齐下层的图像素材,如图3.4.32所示。

图3.4.32

13 打开"效果"面板,展开"视频过渡"文件夹,选择"擦除"文件夹中的"时钟式擦除"特效,按住鼠标左键,将"时钟式擦除"特效拖至第一个字幕素材和第二个字幕素材之间,释放鼠标即可为素材添加特效,如图3.4.33所示。

图3.4.33

14 采用同样的方法,将"时钟式擦除"特效添加到其他字幕素材之间,如图3.4.34所示。

15 双击"时间线"中的第一个"时钟式擦除"特效,弹出"设置过渡持续时间"对话框,设置"持续时间"为00:00:00:20(即20帧),单击"确定"按钮完成设置,如图3.4.35所示。

图3.4.34

图3.4.35

16 采用同样的方法,将"时间线"中的所有"时钟式擦除"特效的持续时间都设置为20帧,结果如图3.4.36所示。

图3.4.36

17 选择"时间线"中的"时钟式擦除"特效,进入"效果控件"面板,设置"边框宽度"值为1.0,"边框颜色"为黑色,采用同样的方法,修改其他所有特效,如图3.4.37所示。

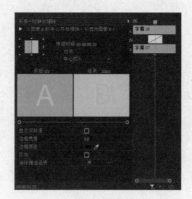

图3.4.37

18 按 Enter 键渲染项目，渲染完成后预览倒计时片头的效果，如图 3.4.38～图 3.4.40 所示。

图3.4.39

图3.4.40

图3.4.38

3.5 认识关键帧

关键帧动画通过为素材的不同时刻设置不同的属性，使该过程产生动画的变换效果。

3.5.1 什么是关键帧

"帧"是动画中的单幅画面，是最小的计量单位。影片是由一张张连续的图片组成的，每幅图片就是一帧，PAL 制式为每秒 25 帧，NTSC 制式为每秒 30 帧，而"关键帧"是指动画上关键的时刻，至少有两个关键时刻才能构成动画。可以通过设置动作、效果、音频及多种其他属性参数，使画面形成连贯的动画效果。

3.5.2 "效果控件"面板

"效果控件"面板用于调整素材的位置、缩放、不透明度等参数，为素材添加特效，以及为素材设置关键帧等。当一种特效添加到素材中时，该面板显示该特效的相关参数，可以通过参数设置对特效进行修改，以便达到所需的最佳效果。

默认状态下的"效果控件"面板主要有"运动""不透明度"和"时间重映射"三种效果，如图 3.5.1 所示。

在"效果控件"面板中包括很多按钮，下面详细讲解。

▶ 显示 / 隐藏时间视图：单击该按钮，可以显示或隐藏右侧的"时间线"视图。

图3.5.1

▲ 显示 / 隐藏视频效果：单击该按钮，可以显示或隐藏素材的视频效果，方便合理利用"效果控件"面板的空间。

复位到初始：在每个效果的右侧均有该按钮，用于恢复该效果的默认参数。

特效关键帧开启：该按钮用于设置特效是否制作动画。当该按钮显示为 时，特效可以设置动画；当按钮显示为 时，特效参数不能设置动画。

特效开头：该按钮用于控制特效是否有效。当该按钮显示为 时，特效被应用于素材；当该按钮显示为 时，特效不可用。

音频循环播放：该按钮用于控制循环播放

影片的音频。

▶♪音频播放：该按钮用于控制播放影片的音频。

▼过滤属性：该按钮用于过滤未添加关键帧或未添加效果的属性。

◎添加/删除关键帧：该按钮用于为素材添加或者删除关键帧。

3.5.3 实例：为素材设置关键帧动画

下面以实例的形式详细介绍为素材设置关键帧动画的操作步骤。

01 执行"文件"→"新建"→"项目"命令，并在弹出的"新建项目"对话框中设置"名称"，接着单击"浏览"按钮设置保存路径，最后单击"确定"按钮，如图3.5.2所示。

图3.5.3

04 将"项目"面板中的"夕阳.jpg"素材拖至"时间线"面板中的V1轨道上，如图3.5.4所示。

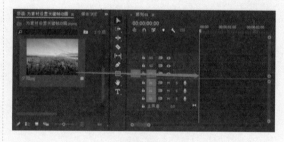

图3.5.4

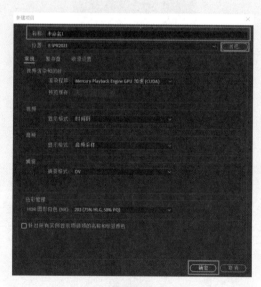

图3.5.2

02 在"项目"面板的空白处右击，在弹出的快捷菜单中选择"新建项目"→"序列"选项，在弹出的"新建序列"窗口中选择DV-PAL文件夹中的"标准48kHz"选项，单击"确定"按钮，如图3.5.3所示。

03 在"项目"面板的空白处双击，选择"夕阳.jpg"素材，单击"打开"按钮导入。

05 在"时间线"面板中右击该素材，在弹出的快捷菜单中选择"缩放为帧大小"选项，此时图片缩放到画布以内，如图3.5.5和图3.5.6所示。

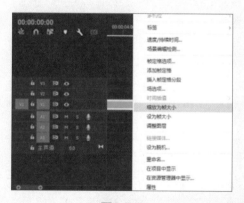

图3.5.5

图3.5.6

图3.5.7

06　在"时间线"面板中选择"夕阳.jpg"素材，将播放头指针移至起始帧，然后在"效果控件"面板中单击激活"缩放"和"不透明度"前的"切换动画"按钮，创建关键帧，当按钮变为蓝色的时，关键帧开启。接着设置"缩放"值为310.0，"不透明度"值为0%。将播放头指针拖至第3秒，设置"缩放"值为110.0，"不透明度"值为100.0%，此时画面呈现动画效果。特别注意：当本书中出现单击激活"不透明度"前面的"切换动画"按钮时，表示此时的"不透明度"属性是被激活的状态，并变为蓝色。若已经被激活，则无须单击；若未被激活，则需要单击，如图3.5.7～图3.5.11所示。

图3.5.8

图3.5.9

图3.5.10　　　　图3.5.11

3.6　创建关键帧

关键帧动画常用于影视制作、微电影、广告等动态设计中。在 Premiere Pro 中创建关键帧的方法主要有 3 种，在"效果控件"面板中单击"切换动画"按钮添加关键帧，使用"添加 / 移除关键帧"按钮添加关键帧，在"节目监视器"中添加关键帧。下面介绍创建关键帧的操作方法。

3.6.1　利用"切换动画"按钮添加关键帧

在"效果控件"面板中，每种属性前都有"切换动画"按钮，单击该按钮即可启用关键帧，此时"切换动画"按钮变为蓝色，再次单击该按钮，则会关闭该属性的关键帧，此时"切换动画"按钮变为灰色。在创建关键帧时，至少在同一属性中添加两个关键帧，画面才会呈现动画效果。下面介绍添加关键帧的具体操作步骤。

01　启动 Premiere Pro 软件，新建项目和序列，并导入合适的图片素材。将图片素材拖至"时间线"面板中并将其选中。在"效果控件"面板中将播放头指针拖至合适的位置，更改所选属性的参数。以"缩放"属性为例，此时单击"缩放"属性前的"切换动画"按钮，即可创建第 1 个关键帧，如图 3.6.1 所示。

02 继续拖曳播放头指针，然后更改属性的参数，此时会自动创建第2个关键帧，按空格键播放视频，即可看到动画效果，如图3.6.2~图3.6.6所示。

图3.6.3

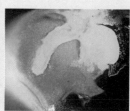

图3.6.4

图3.6.1

图3.6.2

图3.6.5

图3.6.6

3.6.2 利用"添加/移除关键帧"按钮添加关键帧

下面介绍使用"添加/移除关键帧"按钮添加关键帧的具体操作步骤。

01 在"效果控件"面板中将播放头指针拖至合适的位置，单击"位置"参数前的"切换动画"按钮，即可创建第1个关键帧，如图3.6.7所示。

图3.6.7

02 此时该属性后会显示"添加/删除关键帧"按钮，将播放头指针拖至其他位置，单击按钮，即可手动创建第2个关键帧，此时该属性

的参数与第1个关键帧参数一致，若需要更改，则直接更改参数即可，如图3.6.8所示。

图3.6.8

3.6.3 在"节目监视器"面板中添加关键帧

下面介绍在"节目监视器"面板中添加关键帧的具体操作步骤。

01 在"效果控件"面板中将播放头指针拖至合适的位置，更改所选属性的参数，然后单击该属性前面的按钮，此时会自动创建关键帧，如图3.6.9和图3.6.10所示。

02 移动播放头指针的位置，在"节目监视器"面板中选中该素材并双击，此时素材周围出现控制点，接下来将鼠标指针放置在控制点上，按住鼠标左键并拖动缩放素材，此时在"效果控

件"面板中的时间线上自动创建关键帧,如图
3.6.11 和图 3.6.12 所示。

图3.6.9

图3.6.12

在为"效果"面板中的效果添加关键帧或更改关键帧参数时,使用的方法与"运动"和"不透明度"属性的添加方式相同,如图 3.6.13 和图 3.6.14 所示。

图3.6.10

图3.6.11

图3.6.13   图3.6.14

3.7 移动关键帧

移动关键帧所在的位置可以控制动画的节奏,例如两个关键帧隔得越远动画呈现的效果越慢,越近则越快。下面将介绍移动关键帧的操作方法。

3.7.1 移动单个关键帧

在"效果控件"面板中展开已制作完成的关键帧效果,单击"工具"面板中的 ↖ "选择工具"按钮,将鼠标指针放在需要移动的关键帧上方,按住鼠标左键左右移动,当移至合适的位置时释放鼠标,完成移动操作,如图 3.7.1 和图 3.7.2 所示。

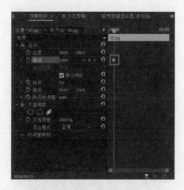

图3.7.1

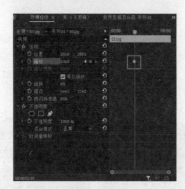

图3.7.2

3.7.2　移动多个关键帧

下面介绍移动多个关键帧的具体操作。

01 单击"工具"面板中的"选择工具"按钮▶，
按住鼠标左键将需要移动的关键帧框选，接着
将选中的关键帧向左或向右拖动，即可完成移
动操作，如图 3.7.3 和图 3.7.4 所示。

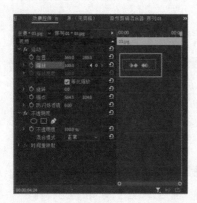

图3.7.3

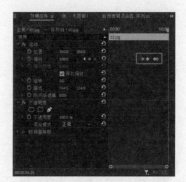

图3.7.4

02 想要移动的关键帧不相邻时，单击"工具"面
板中的"选择工具"按钮▶，按住 Ctrl 键或
Shift 键，选中需要移动的关键帧并拖动，如图
3.7.5 和图 3.7.6 所示。

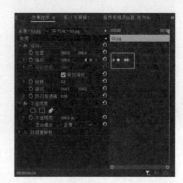

图3.7.5

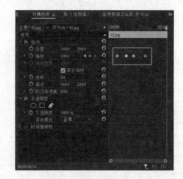

图3.7.6

在"节目监视器"中对"位置"属性手动制
作关键帧，具体的操作步骤如下。

01 选择设置完关键帧的"位置"属性，在"节目
监视器"中双击，此时素材周围出现控制点，
如图 3.7.7 和图 3.7.8 所示。

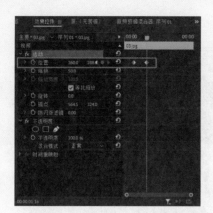

图3.7.7

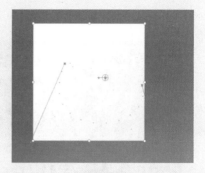

图3.7.9

图3.7.8

图3.7.10

02　单击"工具"面板中的"移动工具"按钮，在"节目监视器"中拖动路径的控制柄，将直线路径手动调整为弧形，此时播放时间线查看效果时，素材以弧形的运动方式呈现在画面中，如图 3.7.9~ 图 3.7.11 所示。

图3.7.11

3.8 删除关键帧

　　在实际操作中，有时会在素材中添加一些多余的关键帧，这些关键帧既无实质性用途又使动画变得复杂，此时需要将多余的关键帧删除。删除关键帧的常用方法有以下 3 种。下面将介绍删除关键帧的操作方法。

3.8.1 使用快捷键快速删除关键帧

　　单击"工具"面板中的"选择工具"按钮，在"效果控件"面板中选择需要删除的关键帧，按

Delete 键即可完成删除操作，如图 3.8.1 和图 3.8.2 所示。

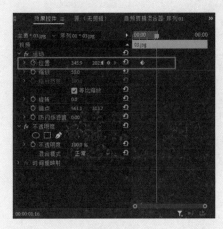

图3.8.1   图3.8.2

3.8.2　利用"添加 / 移除关键帧"按钮删除关键帧

在"效果控件"中将播放头指针拖至需要删除的关键帧上，此时单击已启用的"添加 / 移除关键帧"
按钮◀ ◎ ▶，即可删除关键帧，如图 3.8.3 和图 3.8.4 所示。

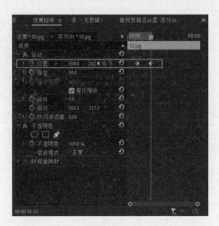
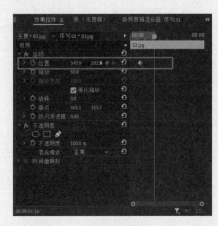

图3.8.3   图3.8.4

3.8.3　利用快捷菜单清除关键帧

单击"工具"面板中的"移动工具"按钮，右击需要删除的关键帧，在弹出的快捷菜单中选择"清除"
选项，即可删除关键帧，如图 3.8.5 和图 3.8.6 所示。

图3.8.5

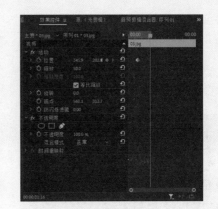

图3.8.6

3.9 复制关键帧

在制作影片或动画时，经常会遇到不同素材使用同一组关键帧参数的情况，此时可以选中这组制作好的关键帧，使用复制、粘贴命令快速完成其他素材的动画制作。复制关键帧有以下两种方法，下面介绍复制关键帧的具体操作方法。

3.9.1 在快捷菜单中复制

下面介绍在快捷菜单中复制关键帧的具体操作步骤。

01 单击"工具"面板中的"选择工具"按钮▶，在"效果控件"面板中右击需要复制的关键帧，在弹出的快捷菜单中选择"复制"选项，如图3.9.1所示。

图3.9.1

02 将播放头指针拖至合适的位置并右击，在弹出的快捷菜单中选择"粘贴"选项，此时复制的

关键帧出现在时间线上，如图3.9.2所示。

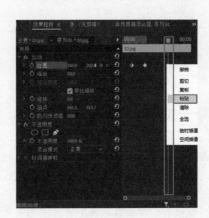

图3.9.2

3.9.2 复制关键帧到另一个素材

除了可以在同一个素材中复制、粘贴关键帧，

还可以将关键帧动画复制到其他素材上。下面介绍复制关键帧到另外一个素材的具体操作步骤。

01　选择一个素材的关键帧，例如，"位置"属性中的所有关键帧，如图 3.9.3 所示。

图3.9.3

02　右击并在弹出的快捷菜单中选择"复制"选项，然后在"时间线"面板中选择另一个素材，并选择"效果控件"中的"位置"属性，如图3.9.4 所示。

图3.9.4

03　右击并在弹出的快捷菜单中选择"粘贴"选项，完成复制操作，如图 3.9.5 所示。

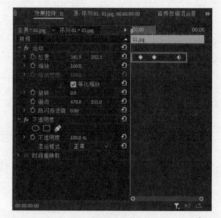

图3.9.5

3.10　关键帧插值

　　插值是指在两个已知值之间填充未知数据的过程。关键帧插值可以控制关键帧的速度变化状态，主要分为"临时插值"和"空间插值"两种。在一般情况下，系统默认使用线性插值。若想更改插值类型，可以右击相应的关键帧，在弹出的快捷菜单中更改类型，如图 3.10.1 所示。下面将介绍关键帧插值的操作方法。

图3.10.1

3.10.1 临时插值

"临时插值"是控制关键帧在时间线上的速度变化状态，下面介绍临时插值的具体操作。

1. 线性

"线性"插值可以创建关键帧之间的匀速变化。首先在"效果控件"面板中针对某一个属性添加两个或两个以上关键帧，然后右击添加的关键帧，在弹出的快捷菜单中选择"临时插值"→"线性"选项，拖动播放头指针，当其与关键帧位置重合时，该关键帧由灰色变为蓝色 ，此时的动画效果更为匀速平缓，如图 3.10.2 和图 3.10.3 所示。

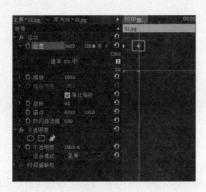

图3.10.2

图3.10.3

2. 贝塞尔曲线

"贝塞尔曲线"插值可以在关键帧的任意一侧手动调整曲线的形状及变化速率。执行"临时插值"→"贝塞尔曲线"命令时，拖动播放头指针，当其与关键帧位置重合时，该关键帧样式为 ，并且可以在"节目监视器"中通过拖动曲线控制柄来调节曲线，从而改变动画的运动速度。在调节的过程中，单独调节其中一个控制柄，另一个

控制柄不发生变化，如图3.10.4和图3.10.5所示。

图3.10.4

图3.10.5

3. 自动贝塞尔曲线

"自动贝塞尔曲线"插值可以调整关键帧的平滑变化速率。执行"临时插值"→"自动贝塞尔曲线"命令时，拖动播放头指针，当其与关键帧位置重合时，该关键帧样式为 。在曲线节点的两侧会出现两个没有控制线的控制点，拖动控制点可将自动曲线转换为弯曲的"贝塞尔曲线"，如图 3.10.6 和图 3.10.7 所示。

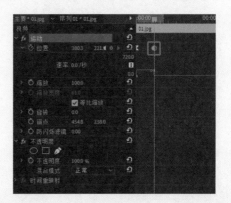

图3.10.6

图3.10.7

4. 连续贝塞尔曲线

"连续贝塞尔曲线"插值可以通过关键帧的平滑程度改变帧速率。执行"临时插值"→"连续贝塞尔曲线"命令，拖动播放头指针，当其与关键帧位置重合时，该关键帧样式为▨。双击"节目监视器"中的画面，此时会出现两个控制柄，可以通过拖动控制柄来改变两侧的曲线弯曲程度，从而改变动画效果，如图3.10.8和图3.10.9所示。

图3.10.8

图3.10.9

5. 定格

"定格"插值可以更改属性值且不产生渐变过渡。执行"临时插值"→"定格"命令时，拖动播放头指针，当其与关键帧位置重合时，该关键帧样式为▣，两个速率曲线节点将根据节点的

运动状态自动调节帧速率曲线的弯曲程度。当动画播放到该关键帧时，将出现保持前一关键帧画面的效果，如图3.10.10~ 图3.10.12 所示。

图3.10.10

图3.10.11

图3.10.12

6. 缓入

"缓入"插值可以减慢进入关键帧的变化。执行"临时插值"→"缓入"命令时，拖动播放头指针，当其与关键位置重合时，该关键帧样式为▨，速率曲线节点前面将变成缓入的曲线。当拖动播放头指针播放动画时，动画在进入该关键时速度逐渐减缓，消除因速度波动大而产生的画面不稳定感，如图 3.10.13~ 图3.10.15 所示。

图3.10.13

图3.10.14　　　　　　　图3.10.15

7. 缓出

"缓出"插值可以逐渐减慢离开关键帧的变化。执行"临时插值"→"缓出"命令时，拖动播放头指针，当其与关键帧位置重合时，该关键帧样式为▣。速率曲线节点后面将变成缓出的曲线。当播放动画时，可以使动画在离开该关键帧时帧速率减缓，同样可以消除因速度波动大而产生的画面不稳定感，与缓入是相同的道理，如图3.10.16~ 图 3.10.18 所示。

图3.10.16

图3.10.17　　　　　　　图3.10.18

3.10.2　空间插值

"空间插值"可以设置关键帧的转场特效，如转折强烈的线性方式、过渡柔和的自动贝塞尔曲线方式等。下面介绍空间插值的具体操作方法。

1. 线性

在执行"空间插值"→"线性"命令时，关键帧两侧线段为直线，角度转折较明显，播放动画时会产生位置突变的效果，如图 3.10.19 和图 3.10.20 所示。

图3.10.19　　　　　　　图3.10.20

2. 贝塞尔曲线

在执行"空间插值"→"贝塞尔曲线"命令时，可以在"节目监视器"中手动调节控制点两侧的控制柄，通过控制柄来调节曲线形状和画面的动画效果，如图 3.10.21 和图 3.10.22 所示。

3.10.21　　　　　　　图3.10.22

3. 自动贝塞尔曲线

在执行"空间插值"→"自动贝塞尔曲线"命令时，更改自动贝塞尔关键帧数值，控制点两侧的控制柄位置会自动更改，以保持关键帧之间的平滑速率。如果手动调整自动贝塞尔曲线的方向控制柄，则可以将其转换为连续贝塞尔曲线的关键帧，如图 3.10.23 和图 3.10.24 所示。

图3.10.23　　　　　　　图3.10.24

4. 连续贝塞尔曲线

在执行"空间插值"→"连续贝塞尔曲线"命令时，也可以手动设置控制点两侧的控制柄来调整曲线方向，与"自动贝塞尔曲线"操作相同，如图 3.10.25 和图 3.10.26 所示。

图3.10.25　　　　　图3.10.26

3.11 制作关键帧动画

本例在制作时主要用到"运动"属性及"不透明度"属性为画面添加关键帧，然后使用"投影"效果增强素材的空间感，使用"亮度与对比度"效果调整素材颜色，具体的操作步骤如下。

01 执行"文件"→"新建"→"项目"命令，在弹出的"新建项目"对话框中设置"名称"，单击"浏览"按钮设置保存路径，最后单击"确定"按钮，如图 3.11.1 所示。

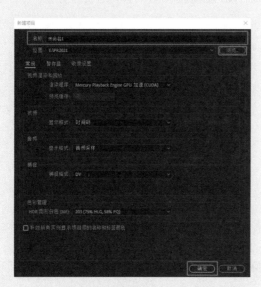

图3.11.1

02 在"项目"面板的空白处双击，导入全部素材文件。

03 选择"项目"面板中的素材，按住鼠标左键依次将其拖至"时间线"面板中。为了便于操作，在"时间线"面板中单击 V3~V7 轨道前的"切换轨道输出"按钮 ，隐藏轨道内容，如图 3.11.2 所示。

图3.11.2

04 选择 V2 轨道上的"花环 .png"素材，在"效果控件"面板中展开"运动"属性，设置"位置"为（352.4，331.9），"锚点"为（849.4，554.9）。将播放头指针拖至第 10 帧，激活"缩放""旋转""不透明度"前面的 按钮，创建关键帧，再分别设置"缩放""旋转""不透明度"的数值均为 0。继续将播放头指针拖至第 1 秒，分别设置"缩放"值为 33.6，"不透明度"值为 93.3%，"旋转"值为 360.0°，如图 3.11.3~ 图 3.11.7 所示。

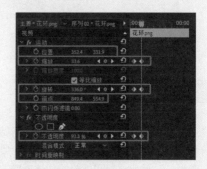

图3.11.3

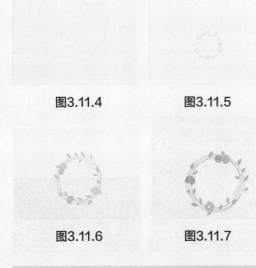

图3.11.4　　　　图3.11.5

图3.11.6　　　　图3.11.7

提示： 1×0.0° 是什么？设置素材旋转一周时会看到1×0° 数值，其实这样的数值就是代表360° ，1×0.0° 中的1代表一周。

05　选中 V3 轨道上的"夹子 .png"素材，将播放头指针拖至第 1 秒，并激活"位置"和"不透明度"前面的■按钮，创建关键帧，设置"位置"为（435.5，−220.5），"不透明度"值为0%。将播放头指针拖至第 1 秒 20 帧，设置"位置"为（372.7，82.5），"锚点"为（896.5，594.0），"缩放"值为51.0，"不透明度"值为95.0%，如图 3.11.8 和图 3.11.9 所示。

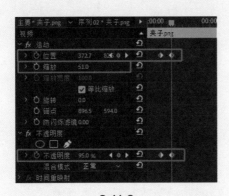

3.11.8

06　选中 V4 轨道上的"心形 .png"素材，将播放头指针拖至第 1 秒 20 帧，并激活"位置"和"不透明度"前面的■按钮，创建关键帧，设置"位置"为（17.5，235.5），"不透明度"

值为 0%。将播放头指针拖至第 2 秒 10 帧，设置"位置"为（156.0，157.0），"锚点"为（896.5，594.0），"缩放"值为 54.0，"不透明度"值为 100%，如图 3.11.10 和图 3.11.11 所示。

图3.11.9

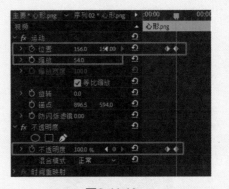

图3.11.10

图3.11.11

07　选中 V5 轨道上的"心形 1.png"素材，将播放头指针拖至 2 秒 10 帧，并激活"位置"和"不透明度"前面的■按钮，创建关键帧，设置"位置"为（223.0，−199.0），"不透明度"值为 0%。将播放头指针拖至第 3 秒，设置"位置"为（325.0，184.0），"锚点"为（889.5，594.0），"缩放"值为 53.0，"不透明度"值为 100%，如图 3.11.12 和图 3.11.13 所示。

08　在"效果"面板中搜索"投影"效果，并按住鼠标左键将其拖至"03.png"素材上，如图3.11.14 所示。

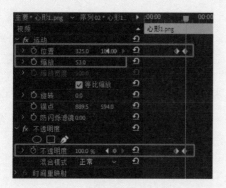

图3.11.12

图3.11.13

图3.11.14

09　在"效果"面板中展开"投影"效果，设置"不透明度"值为50%，"方向"值为135.0°，"距离"值为5.0，"柔和度"值为40.0，如图3.11.15所示。

图3.11.15

10　在"效果"面板中搜索"投影"效果，并按

住鼠标左键将其拖至"04.png"素材上，如图3.11.16所示。

11　在"效果控件"面板中展开"投影"效果，设置"不透明度"值为50%，"距离"值为5.0，"柔和度"值为30.0，如图3.11.17所示。

图3.11.16 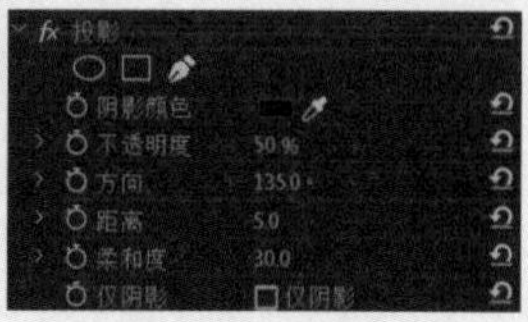　　　图3.11.17

12　本例制作完成，拖动播放头指针查看效果，如图3.11.18~图3.11.23所示。

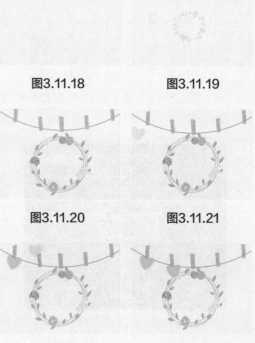

图3.11.18　　　图3.11.19

图3.11.20　　　图3.11.21

图3.11.22　　　图3.11.23

Premiere Pro 2022 短视频及视频编辑从新手到高手

第4章
视频字幕

Premiere Pro 2022 中有强大的文本创建和编辑功能，不仅有多种文字工具供操作者使用，还可以使用多种参数设置面板修改文字效果。本章将讲解多种类型文字的创建及文字属性的编辑方法。

在 Premiere Pro 2022 中可以创建横排和竖排文字，如图 4.1 所示。除此之外，还可以沿路径创建文字。

图4.1

除了简单地输入文字，还可以通过设置文字的版式、质感等制作出更精彩的文字效果，如图 4.2~图 4.4 所示。

图4.2

图4.3

图4.4

需要注意的是，Premiere Pro 2022 对于文本的相关功能更新很多，新版本升级了旧版字幕，用户可以使用"基本图形"面板中的字幕工具重新创建大部分效果。如果是初学者，尽量从 15.4 以后的版本开始学习，如果对 Premiere Pro 有一定了解，可以在"基本图形"面板中找到对应的字幕工具。

4.1 文本与字幕的基本类型

字幕是影片的重要组成部分，可以起到提示人物和地点名称的作用，并可以作为片头的标题和片尾的滚动字幕。在 Premiere Pro 2022 添加文本与字幕有多种方法，大致分为片头文本与说明字幕两种。

4.1.1 片头文本

片头文本更倾向于 Logo 的演绎，这类文本制作精良，带有动态效果，如果需要制作更为复杂的文本特效，需要使用 After Effects 或三维软件单独进行制作，再将序列帧导入 Premiere Pro 合成，如图 4.1.1 所示。

图4.1.1

现在的 After Effects 与 Premiere Pro 可以通用基本图形，也就是说，在 After Effects 中编辑的文字特效，可以将工程文件导入 Premiere Pro 中，相应的修改都会在工程文件中显现，大幅提高了工作效率，如图 4.1.2 所示。

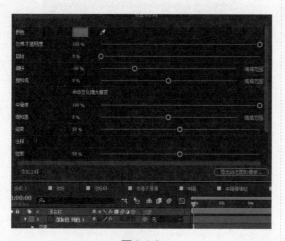

图4.1.2

4.1.2 说明字幕

带有功能性的字幕一般不会添加过多的动态效果，使用的字体也都是黑体或宋体等常规字体，复杂的字体和动效会影响阅读效率，高识别率是这类文本的首要任务。如何正确而快速地阅读文本才是这种类型字幕需要解决的问题，Adobe Sensei 提供支持自动生成字幕、语音到文本转录、转换为字幕轴等功能。Premiere Pro 2022 的转录支持 13 种语言，但转录的过程中，也会出现个别错误，需要人工修正。

4.1.3 手工添加字幕

Premiere Pro 2022同样支持手工添加字幕。选择要添加字幕的语言，添加预先准备好的字幕后，即可对字幕进行编辑及样式修改了，如图 4.1.3 所示。

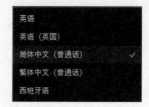

图4.1.3

4.2 旧版字幕与图形

旧版字幕在 Premiere Pro 中使用了很长一段时间，主要用于创建字幕、演职员表和简单的动画效果。但旧版字幕有某些限制，而"基本图形"面板中提供的综合性文本和图形工具针对这些限制进行了改进。本书为了方便早期版本的用户适应字幕的工作流程，将对旧版字幕工作区进行讲解，如果是初学者可以直接跳过本节。提示对话框界面如图 4.2.1 所示。

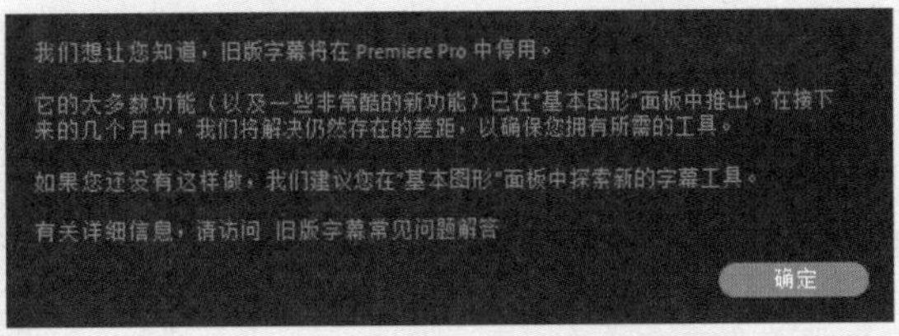

图4.2.1

在新版本中，依然可以弹出"字幕"面板，但是不建议大家学习和使用，旧版字幕使用较旧的代码库。而"基本图形"面板是一个现代化的字幕和图形解决方案，利用了额外的跨应用程序技术，如图 4.2.2 所示。

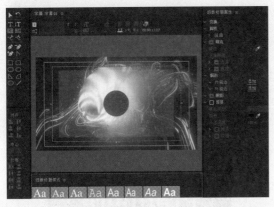

图4.2.2

可以通过执行"文件"→"新建"→"旧版标题"命令，创建旧版字幕，并弹出"字幕"面板。在"字幕"面板中，工作区域指制作文字以及图案的显示界面，在其上方为字幕栏，左侧为工具箱和字幕动作栏，右侧为旧版标题属性栏，下方为旧版标题样式栏，如图 4.2.3 所示。

图4.2.3

在"字幕栏"中，可基于当前字幕新建字幕、设置字幕滚动、文字大小、对齐方式等。字幕栏在默认情况下在工作区域的上方，如图 4.2.4 所示。

图4.2.4

接下来熟悉一下各按钮的名称及用途。

字幕 字幕01 字幕列表：在不关闭"字幕"面板的情况下，单击 按钮，在弹出的菜单中对字幕进行编辑，如图 4.2.5 所示。

图4.2.5

基于当前字幕新建字幕：在当前字幕的基础上创建一个新的"字幕"面板。

滚动 / 游动选项：可以设置字幕类型、滚动方向和定时（帧），如图 4.2.6 所示。

图4.2.6

※ 静止图像：字幕不会产生运动效果。

※ 滚动：设置字幕沿垂直方向滚动。选中"开始于屏幕外"和"结束于屏幕外"复选框后，字幕将从下向上滚动。

※ 向左游动：字幕沿水平方向向左滚动。

※ 向右游动：字幕沿水平方向向右滚动。

※ 开始于屏幕外：选中该复选框，字幕从屏幕外开始进入工作区。

※ 结束于屏幕外：选中该复选框，字幕从工作区滚动到屏幕外。

※ 预卷：如果希望文字在动作开始之前静止不动，那么在该文本框中输入静止状态的帧数。

※ 缓入：如果希望字幕滚动或游动的速度逐渐增加直到正常播放速度，那么在该文本框中输入加速过程的帧数。

※ 缓出：如果希望字幕滚动或游动的速度逐渐变小直到静止不动，那么在该文本框中输入减速过程的帧数。

※ 过卷：如果希望文字在动作结束之后静止不动，那么在该文本框中输入静止状态的帧数。

Georgia 字体：设置文字使用的字体。

Regular 字体类型：设置字体的样式。

T 文字大小：设置文字的字号。

字偶间距：设置文字之间的间距。

行距：设置每行文字之间的间距。

左对齐、居中、右对齐：设置文字的对齐方式。

显示视频背景：单击该按钮，将显示当前视频时间点视频轨道中的素材效果，并显示时间码。

工具箱：其中包括选择文字、制作文字、编辑文字和绘制图形的基本工具。在默认情况下，工具箱在工作区域的左侧，如图 4.2.7 所示。

图4.2.7

※ 选择工具：用于在字幕编辑器中选择、移动、缩放文字对象或图像对象，配合使用 Shift 键，可以同时选中多个对象。

※ 旋转工具：用于对文本或图形对象进行旋转操作。选中文字或形状对象，单击该按钮，将鼠标指针移至对象上方，此时对象周围出现 6 个控制点，在任意一个控制点上按住鼠标左键并拖曳，即可进行旋转。按 V 键可以在"选择工具"和"旋转工具"之间切换。旋转前后的对比效果，如图 4.2.8 和图 4.2.9 所示。

图4.2.8

图4.2.9

※ 文字工具：用于在"字幕编辑"面板中输入水平方向的文字。选择该工具，在工作区域单击会出现一个文本框，此时在文本框中即可输入文字。也可以按住鼠标在工作区域拖曳出一个矩形文本框，输入的文字将自动在矩形框内进行多行排列，如图 4.2.10 所示。

图4.2.10

※ ▆垂直文字工具：用于在"字幕编辑"面板中输入垂直方向的文字。

※ ▆区域文字工具：用于在"字幕编辑"面板中输入水平方向的多行文本。选择该工具后，需要在工作区画出一个矩形框以输入多行文字，如图 4.2.11 所示。

图4.2.11

※ ▆垂直区域文字工具：用于在"字幕编辑"面板中输入垂直方向的多行文本。

※ ▆"路径文字工具"：使用该工具可以创建沿路径水平排列的文本。

※ ▆垂直路径文字工具：使用该工具可以创建沿路径垂直排列的文本。

※ ▆钢笔工具：用于绘制和调整路径曲线。在绘制中若要调整曲线形状，可以针对锚点两侧的控制柄进行调整，如图 4.2.12 所示。

图4.2.12

※ ▆添加锚点工具：用于在所选曲线路径或文本路径上增加锚点。

※ ▆删除锚点工具：用于删除曲线路径和文本路径上的锚点。

※ ▆转换锚点工具：使用该工具单击路径上的锚点，可以调整锚点的属性。

※ ▆矩形工具：用于在"字幕编辑"面板中绘制矩形，按住 Shift 键同时单击并拖动鼠标，可以绘制正方形。矩形的颜色默认为白色，但可以修改，对比效果如图 4.2.13 和图 4.2.14 所示。

图4.2.13

图4.2.14

※ ▆圆角矩形工具：用于在"字幕编辑"面板中绘制圆角矩形，绘制方法和矩形类似。

※ ▆切角矩形工具：用于在"字幕编辑"面板中绘制切角矩形。

※ ▆圆边矩形工具：用于在"字幕编辑"面板中绘制圆角矩形。

※ ▆楔形工具：用于在"字幕编辑"面板中绘制三角形。

※ ▆弧形工具：用于在"字幕编辑"面板中绘制弧线或扇形。

※ ◯椭圆形工具：用于在"字幕编辑"面板中绘制椭圆形。

※ ╱直线工具：用于在"字幕编辑"面板中绘制直线。

提示： 在编辑图形时，如果按住Shift键，可以保持图形的长宽比；按Alt键，可以从图形的中心开始绘制。

提示： 使用"钢笔工具"创建图形时，路径的控制点越多，图形的形状越精细，但过多的控制点不利于修改。所以，建议控制点的数量在不影响效果的情况下，尽可能减少。

4.2.1 实例：沿路径创建文字

沿路径创建文字的具体的操作步骤如下。

01 执行"文件"→"新建"→"旧版标题"命令，如图 4.2.15 所示。

图4.2.15

02 在弹出"新建字幕"对话框中，设置字幕名称，单击"确定"按钮，如图 4.2.16 所示。

图4.2.16

03 在"字幕"面板中单击工具箱中的"钢笔工具"按钮 ✍，在工作区域中绘制合适的路径，如图 4.2.17 所示。

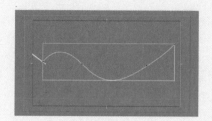

图4.2.17

04 路径绘制完成后，在工具箱中单击"文字工具"按钮 ✍，在路径上单击即可沿着所绘制的路径输入文字，如图 4.2.18 所示。

图4.2.18

4.2.2 对齐与分布

在"字幕动作"面板中，可以针对多个字幕或形状进行对齐与分布操作，在默认情况下，"字幕动作"面板位于工具箱下方，如图 4.2.19 所示。

图4.2.19

在"对齐"选项区中可以对多个对象进行对齐调整。下面对"对齐"工具进行逐一介绍。

▣水平靠左：单击该按钮，使所选对象在水平方向上靠左侧对齐。

■垂直靠上：单击该按钮，使所选对象在垂直方向上靠顶部对齐。

■水平居中：单击该按钮，使所选对象在水平方向上居中对齐。

■垂直居中：单击该按钮，使所选对象在垂直方向上居中对齐。

■水平靠右：单击该按钮，使所选对象在水平方向上靠右侧对齐。

■垂直靠下：单击该按钮，使所选对象在垂直方向上靠底部对齐。

■垂直居中：单击该按钮，使所选对象垂直居中对齐。

■水平居中：单击该按钮，使所选对象水平居中对象。

在"分布"选项区中可以使选中的对象按相应的方式进行分布。

■水平靠左：单击该按钮，对多个对象进行水平方向上的左对齐分布，并且每个对象与左边缘之间的距离相同。

■垂直靠上：单击该按钮，对多个对象进行垂直方向上的顶部对齐分布，并且每个对象与上边缘之间的距离相同。

■水平居中：单击该按钮，对多个对象进行水平方向上的居中均匀分布。

■垂直居中：单击该按钮，对多个对象进行垂直方向上的居中均匀分布。

■水平靠右：单击该按钮，对多个对象进行水平方向上的右对齐分布，并且每个对象与右边缘之间的距离相同。

■垂直靠下：单击该按钮，对多个对象进行垂直方向上的底部对齐分布，并且每个对象与下边缘之间的间距相同。

■水平等距间隔：单击该按钮，对多个对象进行水平方向上的均匀分布。

■垂直等距间隔：单击该按钮，对多个对象进行垂直方向上的均匀分布。

4.2.3 打开和保存字幕

设计完一个字幕效果后可以将其保存，以备重复使用。当需要使用保存过的字幕效果时，将其导入项目即可。

1. 保存字幕

在"项目"面板中，选择需要保存的字幕，执行"文件"→"导出"→"字幕"命令。此时会弹出"保存字幕"对话框，设置保存字幕的路径以及名称后，单击"确定"按钮完成该操作。

2. 打开字幕

如果需要在其他项目中使用已保存的字幕，则将字幕文件导入项目即可。首先执行"文件"→"导入"命令，在弹出的对话框中双击要使用的字幕，将其导入项目中。然后在"项目"面板中选择该字幕，将其添加到"时间线"面板的视频轨道中。

若要修改字幕中的文字内容，可以在"项目"面板中双击该字幕，在弹出的"字幕"窗口中修改字幕的文字内容即可，如图 4.2.20 所示。

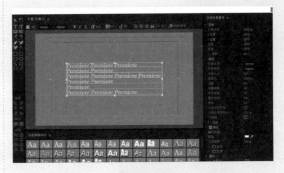

图4.2.20

4.2.4 绘制图形

Premiere Pro 中内置了 8 种基本图形工具，包括矩形工具、圆角矩形工具、切角矩形工具、圆角矩形工具、楔形工具、弧形工具、椭圆形工具和直线工具。此外，还可以用钢笔工具自由地创建曲线。

任何可以使用 Premiere Pro 的绘图工具直接绘制出来的图形都称为"基本图形",如图 4.2.21 所示。Premiere Pro 基本图形的创建方法类似,都是选择所需的绘制工具后,在字幕窗口中单击并拖动鼠标,即可创建相应的图形。

图4.2.21

在选择绘制的图形后,还可以在"字幕属性"面板的"属性"选项区中,通过调整"绘制类型"下拉列表中的选项,将一种基本图形转化为指定的基本图形。

4.2.5 贝塞尔曲线工具

在创建字幕的过程中,仅靠 Premiere Pro 提供的绘图工具往往是不够的,此时,可以通过"钢笔工具"和"转换定位点工具"等,实现创建复杂图形的目的。

利用 Premiere Pro 提供的"钢笔工具",能够绘制各种形状的贝塞尔曲线,从而得到复杂的图形,具体的操作方法如下。

01 执行"文件"→"新建"→"颜色遮罩"命令,如图 4.2.22 所示。

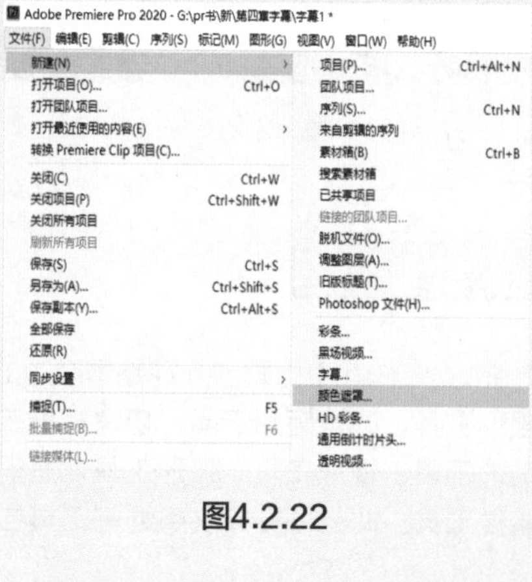

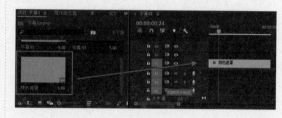

图4.2.22

02 在弹出的"新建颜色遮罩"对话框中单击"确定"按钮,如图 4.2.23 所示。

图4.2.23

03 在弹出的"拾色器"对话框中选择需要的颜色,单击"确定"按钮,如图 4.2.24 所示。

图4.2.24

04 在弹出的"选择名称"对话框中设置名称,即可将创建的彩色蒙版素材导入"时间线"面板,如图 4.2.25 所示。

图4.2.25

05 在工具箱中选择"钢笔工具"后,在"字幕"面板中绘制第一个路径节点,在绘制区域中创建节点时,按下鼠标左键后拖动鼠标,可以调出该节点的控制柄,用于对路径的形态进行调整。

06 使用同样的方法,连续创建多个带有节点控制柄的路径节点,并使其形成字幕图形的基本轮廓,如图 4.2.26 所示。

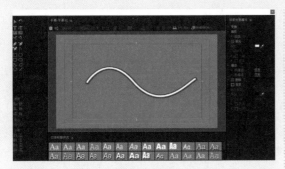

图4.2.26

图4.2.27

图4.2.28

第4章　视频字幕

4.2.6　创建标志

标志以单纯、显著、易识别的物象、图形或文字符号为直观语言，除了表示什么和代替什么，还具有表达意义和情感的作用。

要插入标志时，可以在"字幕"窗口的工作区域空白处右击，在弹出的快捷菜单中选择"图形"→"插入图形"选项，弹出"导入图形"对话框，选择图形文件并单击"确定"按钮，该图形被导入工作区域。

将标志添加到工作区域后，可以通过"字幕工具"面板中的工具对其进行移动、调整其大小以及角度，还可以通过"字幕属性"面板和"属性"面板菜单来完成相应的操作。

如果需要将标志恢复到原始状态，则在标志上右击，在弹出的快捷菜单中选择"图形"→"恢复图形大小"选项。

此外，还可以将图形插入文本。其操作方法是：在标志上右击，在弹出的快捷菜单中选择"图形"→"插入图形到正文"选项，即可完成此操作。

4.2.7　字幕属性

字幕的创建离不开字幕属性的设置，只有对"变换""填充""描边"等选项的参数进行调整后，才可以得到精美的字幕，如图 4.2.27 和图 4.2.28 所示。

在"属性"栏中可以对字幕的具体形态进行设置。对于不同的对象，可以调整的属性也有所不同。通过设置"字幕属性"面板中的字幕样式、型号、颜色等属性，可以实现美化画面的目的。

"变换"区域主要用于设置工作区中字幕的位置、尺寸和角度等属性，此外，还可以用于设置它们的旋转角度，如图 4.2.29 所示。

图4.2.29

下面介绍"变换"选项区中的参数含义。

不透明度：用于设置字幕的不透明度，通过设置其参数值，可以透过上面的字幕看到背景。

X 位置：用于设置字幕在 X 轴上的位置。数值越大，字幕就越接近屏幕的右侧；参数值越小，字幕就越接近屏幕的左侧。

Y 位置：用于设置字幕在 Y 轴上的位置。

高度和宽度：分别用于设置字幕的高度值和宽度值。

旋转：用于调整字幕在场景中的角度。

4.2.8　设置文本属性

在"属性"区域中通过设置字幕文本的字体、字体样式、文字大小等属性，可以得到更具吸引力的外观效果，如图 4.2.30 所示。

图4.2.30

下面详细介绍这些参数的含义。

字体系列：在该下拉列表中提供了多种字体类型供用户选择。

字体样式：在该下拉列表中提供了当前选择字体可用的字体样式。

字体大小：该参数用于设置字幕文字的大小。使用方法是，将鼠标放置到参数上，水平向左或向右拖动鼠标即可改变文字大小。此外，还可以单击该参数直接输入数值。

宽高比：该参数用于水平缩放所选择的文字，当数值大于或小于 100% 时，字体变宽或变窄。

行距：该参数用于设置文字的行间距。数值为正值时，行距增大；数值为负值时，行距缩小。

字偶间距：该参数用于设置字幕中文字与文字之间的距离。

字符间距：该参数用于修改字幕文字之间的距离，其作用与字距效果类似。

基线位移：该参数用于设置字幕文字偏移基线的距离。

倾斜：该参数用于设置文字的倾斜程度。数值越大，文字倾斜角度就越大，反之，文字倾斜的角度就越小。

小型大写字母：选中该复选框，可以将所有的字母换成小型大写字母。

小型大写字母大小：该参数用于设置小型大写字母的大小。

下画线：当选中该复选框时，字幕文本上将显示下画线。

4.2.9　字幕的填充效果

"填充"区域通过设置字幕的颜色类型、色彩、不透明度、光泽和纹理，使字幕更加绚丽多彩。下面介绍具体的使用方法。

1. 填充

"填充类型"下拉列表用于设置字幕填充效果，其中提供了 7 种样式，分别是实底、线性渐变、径向渐变、四色渐变、斜面、消除和重影，如图 4.2.31 所示，下面介绍具体的含义。

实底：该填充类型用于单色填充字幕。

线性渐变：该填充类型能够创建两个颜色之间的转场特效。当选中该选项时，"色彩"选项也会随之发生变化。通过修改颜色来定义线性渐变的色彩，或者通过使用"吸管工具"吸取场景中的颜色。

径向渐变：该填充类型会在字幕中形成一个圆形渐变，其用法与线性渐变的用法相似。

四色渐变：该填充类型能够创建 4 种颜色的渐变效果，而且其效果产生在字幕文本的角落。

斜面：该填充类型是在画面背面增加一个斜面，类似浮雕效果中的阴影效果，其参数如图 4.2.32 所示，具体参数的含义如下。

图4.2.31　　　　　　　　图4.2.32

※ 高光颜色：该选项用于设置文本高光区域的颜色，即文本颜色。

※ 高光不透明度：该参数用于设置倒角内部颜色的不透明度。

※ 阴影颜色：该选项用于设置文字阴影区域的颜色。

※ 阴影不透明度：该参数用于设置倒角外部颜色的不透明度。

※ 平衡：该参数用于设置倒角内部和外部的颜色比例。

※ 大小：该参数用于设置倒角的大小。

※ 变亮：选中该复选框会对倒角的边缘增加灯光效果。

※ 光照角度：该参数用于设置灯光光源的角度。

※ 光照强度：该参数用于设置灯光的强度。

2. 光泽

"光泽"区域可以在对象的表面添加一条彩条，并可以设置彩条的相关属性。当选中该复选框时，该区域中的所有参数都会被激活。

下面介绍"光泽"区域中的参数含义。

颜色：设置光泽效果的颜色。

不透明度：设置光泽的不透明度。

大小：设置光泽的宽度。

角度：设置光泽效果的方向。

偏移：设置光泽的偏移量。

3. 纹理

"纹理"区域可以使用图片文件进行贴图，需要选择要设置为贴图的文件，通过"纹理"图标，将图片作为文本纹理添加到文本效果中。

"纹理"区域由纹理、缩放、对齐和混合4部分组成，如图4.2.33所示。下面具体介绍这4部分的功能含义。

图4.2.33

纹理：用于选择纹理贴图。

缩放：主要用于控制纹理图案的填充方式、缩放尺寸和平铺效果。此外，还可以通过选中"物随对象翻转"和"随对象旋转"复选框，来改变纹理的显示情况。

对齐：用于调整纹理在文字表面的位置。

混合：设置混合的比例。

4.2.10　字幕的描边

"描边"区域内的参数用于控制文字内描边和外描边的效果。可以在要添加的描边类型后面单击"添加"按钮，每单击一次添加一条边线。通过设置多个选项来调节边线的属性。除了设置边线类型与宽度，其余设置与填充属性的调整方法基本相同。单击某边线后面的"删除"按钮，可以删除此边线。而当设置了多条边线时，单击边线后面的"上移"或"下移"按钮，可以向上或向下移动此边线的顺序。

"描边"效果共分两类，分别为内描边和外描边，如图4.2.34所示。

图4.2.34

内描边：在文字内部创建描边，其有3种基本类型，分别是凸出、凹进和边缘。

外描边：在文字外部创建描边，其3种基本类型和内描边相同。

4.2.11　字幕的阴影效果

"阴影"区域内的参数用于控制对象的阴影效果。在为对象添加阴影效果时，首先要选中"阴影"复选框，如图4.2.35所示。

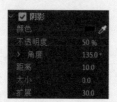

图4.2.35

选中"阴影"复选框，可以为文字施加投影效果，并激活设置选项。如果取消选中"阴影"复选框，可以暂时隐藏投影效果。

选中要施加投影效果的文字，在字幕属性面板中单击"阴影"左侧的三角形标记，展开"阴影"属性，各选项含义如下。

颜色：设置阴影的颜色。

不透明度：设置阴影的不透明度。

角度：设置阴影的角度。

距离：设置阴影从对象偏移的距离，单位为像素。

大小：设置阴影的尺寸。

扩展：设置对象的Alpha通道边缘模糊延展的距离。

4.2.12　字幕样式

字幕样式是Premiere Pro提供的非常实用、强大的功能之一。有了字幕样式，可以不用理会字幕参数控制区众多复杂的参数，只需单击字幕样式窗口中某一个预置的字幕效果，为已选择的对象应用该效果即可。如果对预置的字幕效果不满意，还可以到字幕参数控制区去修改参数，直到满意为止。如果经常使用某种文字效果，还可以将编辑好的效果保存到样式库中，以便随时调用，如图4.2.36所示。

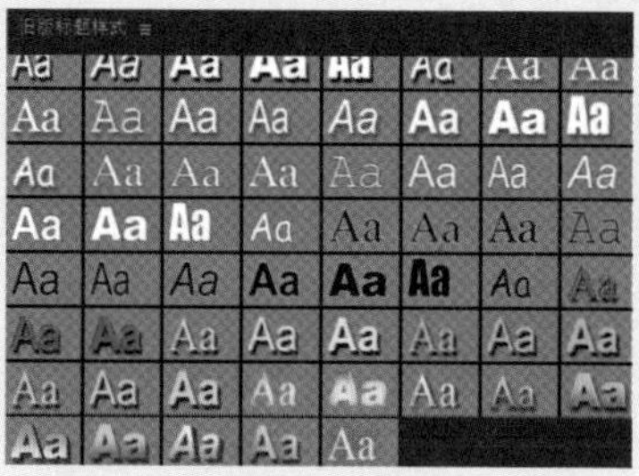

图4.2.36

1. 载入并应用样式

在Premiere Pro中，输入相应的字幕文本后，在"字幕样式"面板内单击某个字幕样式，即可将样式应用于当前字幕，如图4.2.37所示。

图4.2.37

在"标题样式"面板中右击字幕样式预览图，在弹出的快捷菜单中选择"应用样式"选项，也可以将所选字幕样式应用于当前字幕，如图4.2.38所示。

图4.2.38

此时的字幕画面对比效果，如图 4.2.39 和图 4.2.40 所示。

图4.2.39

图4.2.40

在"标题样式"面板内右击字幕样式预览图，在弹出的快捷菜单中选择"应用带字体大小的样式"或"仅应用样式颜色"选项，可以有选择性地应用字幕样式中的字幕属性，如图4.2.41所示。

此时的字幕画面对比效果，如图4.2.42和图4.2.43所示。

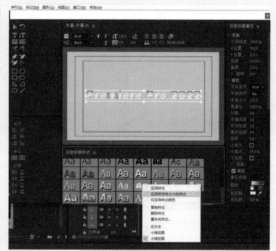

图4.2.41

图4.2.42

图4.2.43

2. 创建字幕样式

Premiere Pro 还提供了自定义字幕样式的功能，可以将常用的字幕属性配置方案保存起来，方便随时调用相同的属性或相近的属性，以提高工作效率，下面介绍创建字幕样式的具体步骤。

01　创建字幕素材后使用文字工具在"字幕"窗口中输入字幕文本，如图 4.2.44 所示。

02　在"标题属性"面板中调整字幕的字体、字号、颜色，以及填充效果、描边效果和阴影，如图 4.2.45 所示。

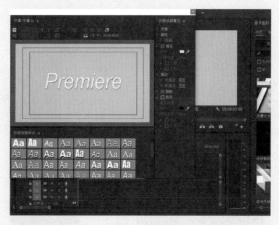

图4.2.44

图4.2.45

03 完成后，在"字幕样式"面板的空白处右击，在弹出的快捷菜单中选择"新建样式"选项，如图 4.2.46 所示。

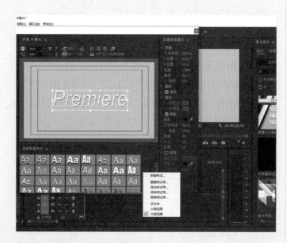

图4.2.46

04 在弹出的"新建样式"对话框中，输入字幕样式的名称，输入字幕样式的名称，软件会以该名称新建字幕样式，如图 4.2.47 所示。

图4.2.47

05 单击"确定"按钮，在"字幕样式"面板中即可看到创建的新字幕样式，如图 4.2.48 所示。

图4.2.48

4.2.13　创建字幕的流程

在创建字幕时，可以根据需要创建一个新字幕，也可以基于一个现有的字幕文件来创建字幕、在当前项目中打开一个字幕，还可以手动输入字幕，下面介绍创建字幕的流程。

01 创建一个新的字幕，执行"文件"→"新建"→"字幕"命令，如图 4.2.49 所示。

图4.2.49

02 弹出"新建字幕"对话框，如图 4.2.50 所示。

图4.2.50

03 在"新建字幕"对话框中设置名称，单击"确定"按钮，弹出"字幕"窗口。使用文本工具和形状工具制作字幕内容。接下来，保存字幕文件，并关闭"字幕"窗口，如图 4.2.51 所示。

图4.2.51

4.2.14 基于现有的字幕创建字幕

基于现有的字幕创建字幕的具体步骤如下。

01 在弹出的"字幕"窗口中打开或者选择现有的字幕，然后单击"基于当前字幕的新字幕"按钮，弹出"新建字幕"对话框。在该对话框中设置一个名称，然后单击"确定"按钮，根据需要修改现有的字幕内容，最后保存字幕文件，并关闭"字幕"窗口，如图 4.2.52 所示。

图4.2.52

02 在当前项目中打开字幕。在"项目"窗口或在"时间线"面板中双击字幕，在"字幕"窗口中打开字幕。如果需要修改，可以在"字幕"窗口中修改即可，如图 4.2.53 所示。

图4.2.53

03 导入字幕文件。执行"文件"→"导入"命令，如图 4.2.54 所示，弹出"导入"对话框。

图4.2.54

04 在"导入"对话框中选择一个字幕文件，单击"打开"按钮，如图 4.2.55 所示。

图4.2.55

05 将字幕导出为独立的文件。在"项目"窗口中选择需要的字幕文件，执行"文件"→"导出"→"字幕"命令，弹出"保存字幕"对话框。在该对话框中设置保存路径，并在"文件名"下拉列表中设置一个名称，单击"保存"按钮，即可将选中的字幕导出为一个独立文件。

4.3 字幕与动态图形

4.3.1 "基本图形"面板

Premiere Pro 2022 中的"基本图形"面板具有强大的功能，可以直接在 Premiere Pro 中创建图形和动画。"基本图形"面板也可以用于编辑字幕的外观并利用图形模板，该面板的具体组件含义如下。

"浏览"选项卡：可以浏览动态图形模板，如需使用则将选定的模板拖入"时间线"并修改相关属性即可，如图 4.3.1 所示。

"编辑"选项卡：用于设置字幕的对齐和变换、更改外观属性、编辑文本属性等，如图 4.3.2 所示。"编辑"选项卡的功能如下。

图4.3.1　　　图4.3.2

文本：主要用于设置文本的字体、样式、行间距等。值得一提的是，如果需要批量修改文本的字体，则可以执行"图形"→"替换项目中的字体"命令，批量修改文本字体，如图 4.3.3 所示。

图4.3.3

对齐并变换：主要用于调整文本的对齐方式、位置、锚点位置、缩放比例、旋转角度以及不透明度等属性，如图 4.3.4 所示。

图4.3.4

外观：主要用于设置文本的填充、描边、背景、阴影、蒙版等的效果。在 Promiere Pro 2022 中，可以为同一个对象叠加多个描边与阴影效果，这为美化文字效果提供了便利。可以选中相应的复选框启用图层的填充、阴影、描边等功能。另外，单击"外观"面板右上角的按钮，如图 4.3.5 所示，则会弹出"图形属性"对话框。

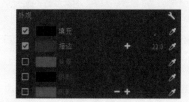

图4.3.5

4.3.2 创建文本图层

如果需要在项目中创建文本图层，需要执行以下操作。

选中"工具"面板中"文字工具"，在"监视器"面板中单击并输入文本，之后调整"基本图形"面板"编辑"选项卡中的文字属性。

4.3.3 创建形状图形

在 Promiere Pro 中，创建形状图层的工具主要有 3 种，分别是钢笔工具、矩形工具、椭圆工具。其中，只有"钢笔工具"可以创建不规则图形，也可以将矩形、椭圆等规则图形修改为不规则形状。

在"字幕"面板中，"矩形工具"与"椭圆工具"的选择方式相同，单击并按住"钢笔工具"按钮，鼠标向右滑动随后即可选中，用户可以根据需求在"监视器"面板中绘制形状，如图 4.3.6 所示。

图4.3.6

在利用"钢笔工具"绘制图形时，可以在创建锚点之后长按鼠标左键创建贝塞尔曲线，随后即可通过"选择工具" ，对图形进行调整。

4.3.4 创建剪辑图层

在 Premiere Pro 2022 中，如果需要在项目中添加静止图片或视频素材图层，可以采取以下方法。

在"基本图形"面板的"编辑"选项卡中单击"新建图层" 按钮，选择弹出菜单中"来自文件"选项，即可插入新图层。或者直接将素材从素材库中拖入图层框，如图 4.3.7 所示。此时，即可在图层框看到剪辑图层，如图 4.3.8 所示。

图4.3.7

图4.3.8

4.3.5 创建蒙版图层

在"基本图形"面板中，可以使用蒙版来创建动态效果，显示和擦除 Premiere Pro 标题中的动画，方法是将文本和形状转换到蒙版图层。蒙版将隐藏图层的一部分内容，并显示"基本图形"面板图层堆叠中图形下面的一部分图层。具体的操作步骤如下。

01　进入"基本图形"面板的"编辑"选项卡，选中已经创建好的文本图层或图形图层。

02　在底部的"外观"区域，选中"形状蒙版"或"文本蒙版"复选框，如图 4.3.9 所示。

图4.3.9

03　此时软件将为图层创建一个蒙版，使该图层以外的内容透明显示，只显示其下方的所有图层。如果需要所有内容在该图层外显示，在该图层区域内透明，只需选中"反转"复选框。值得注意的是，蒙版只针对其所在组的其他图层，对于其他图层组并不适用，如图 4.3.10 所示。

图4.3.10

4.3.6 操作图形图层

在 Premiere Pro 2022 中，创建图形图层之后，可以执行"基本图形"→"编辑"→"变换"命令对图层进行调整修改。用户批量选择图层后，还可以修改对齐方式、位置、旋转角度、缩放比例、不透明度等参数。

如果需要对图层进行分组，可以选中图层，单击"图层"面板右下角的"创建组"按钮█。与此同时，也可以右击选中目标图层，在弹出的快捷菜单中对图层进行重命名、剪切、复制等操作。

4.3.7　创建样式

在项目中，如果需要反复利用某个样式，则可以保存该样式，以便后续重复利用，可以快速地批量应用于不同的图层。

在"时间线"面板中选中目标图形剪辑，在"基本图形"面板的"编辑"选项卡中修改大小、透明度等属性后，弹出"样式"面板，单击"创建样式"按钮，如图 4.3.11 所示，在弹出的"新建文本样式"对话框中设置样式名称，单击"确定"按钮，如图 4.3.12 所示。

图4.3.11　　　　　　图4.3.12

创建样式之后，即可在"样式"下拉列表中找到该样式，在"项目"面板中也可以找到该样式，如果需要应用该样式，可以直接将其拖至"时间线"中的图形上。右击该样式，在弹出的快捷菜单中选

择"导出文本样式"选项，选择路径并设置名称。之后导入字幕文件时可以直接使用此样式，如图4.3.13 和图 4.3.14 所示。

图4.3.13

图4.3.14

4.3.8　将图形导出为动态图形模板

如果需要保存当前图形为动态图形模板，以便后期重复利用，可以导出该模板。执行"图形"→"导出动态图形模板"命令，或者直接右击，在弹出的快捷菜单中选择"动态图形模板"选项。但值得注意的是，该模板只能在 Premiere Pro 中使用，而不适用 After Effects。

4.4　动态图形模板

Premiere Pro 内置了大量的字幕模板，可更快捷地设计字幕，以满足各种影片或电视节目的制作需求。字幕中包括的图片和文本，可以根据视频制作的需求对其中的元素进行修改。还可以将自制的字幕存储为模板，随需调用，从而大幅提高工作效率。通过 Adobe 资源中心，还可以在线下载所需的字幕模板。

4.4.1　安装和管理字幕模板

1. 安装动态图形模板

如果需要将本地的动态图形模板导入项目中，在"基本图形"面板的"浏览"选项卡中单击右下角的█按钮，在弹出的菜单中选中目标文件并打开，使其在"浏览"对话框中出现。

2. 管理动态图形模板

对于保存或者编辑后的模板，可以对其进行重命名，也可以将其删掉，具体的操作步骤如下。

01 弹出"字幕"窗口，执行"图形"→"基本图形"→"我的模板"命令，进入"基本图形"面板中的"浏览"选项卡，如图 4.4.1 所示。

02 选择一个模板类型。

03 如果要重命名该模板，可以在模板菜单中执行"重命名模板"命令，打开模板名称框，输入一个新的名称，如图 4.4.2 所示。

图4.4.3

02 选择一个模板类型，将其拖至"时间线"面板中，如图 4.4.4 所示。

图4.4.4

03 从"时间线"面板中选中该模板后，即可在"基本图形"面板的"编辑"选项卡中修改文字及其更多细节，如图 4.4.5 所示。

图4.4.1　　　　图4.4.2

04 如果要删除该模板，可以从模板菜单中执行"删除模板"命令，弹出"确认文件删除"对话框，单击"是"按钮即可。

4.4.2 使用动态模板

动态图形模板为用户提供现有的设计结构，并提供创作与修改的自由，也是向视频添加自定义图形和动画的最快方式，用户可以轻松使用动态图形模板完成创作。但是要在系统之间共享字幕模板，必须保证每个系统中都包括所有的字体、纹理、Logo 和图片。下面介绍修改模板内容的步骤。

01 打开模板后，执行"图形"→"基本图形"→"我的模板"命令，进入"基本图形"面板中的"浏览"选项卡，如图 4.4.3 所示。

图4.4.5

4.5 使用字幕

在项目中，经常需要为视频增加字幕以便观众更好地理解视频内容，提高其参与度。相较于Premiere更早的版本，Premiere Pro 2022为用户提供了一个综合、全面的工具集，用于创建、编辑、风格化和导出所有受支持格式的字幕。

4.5.1　字幕工作区

在进行字幕编辑工作时，可以执行"窗口"→"工作区"→"字幕"命令，将字幕工作区显示出来，其主要包括4个界面。文本面板，可以在该面板编辑字幕文件；节目监视器，用来显示当前编辑的字幕外观；基本图形，编辑字幕的外观以及相关参数；字幕轨道，用于编辑字幕的显示时间，如图4.5.1所示。

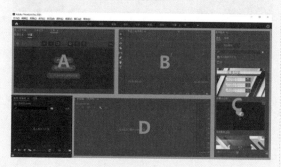

图4.5.1

A：文本面板

"文本"面板中的字幕区，在默认情况下会出现在界面的左侧，也可以通过"窗口"→"工作区"→"字幕"命令打开，如图4.5.2所示。

图4.5.2

搜索框：用于搜索字幕中的文本。

向上搜索：上一个搜索结果。

向下搜索：下一个搜索结果。

替换：替换当前搜索结果。

增加新字幕分段：在当前时间位置添加新字幕文本。

拆分字幕：复制选中的字幕，通过删减而达到拆分的目的。

合并字幕：选中多个字幕将其合并为一个。

B：节目监视器

可以显示字幕样式，如图4.5.3所示。

图4.5.3

C：基本图形

在Premiere Pro 2022中，"基本图形"面板也可以用于编辑字幕的外观，并利用图形模板，如图4.5.4所示。

图4.5.4

D：字幕轨道

相较于旧版本，Premiere Pro 2022 将字幕文件独立于"时间线"的顶部轨道上，用户可以更加方便、快捷地寻找并修改字幕文件，有效提高工作效率，如图 4.5.5 所示。

图4.5.5

4.5.2 添加字幕

添加字幕的方式主要有 3 种，分别是手动创建字幕、从第三方服务导入字幕文件、自动将语音转为文本。

1. 手动创建字幕

在创建说明字幕时，当文字较短时，可以直接手动输入字幕，创建手动字幕的步骤如下。

01　创建一个新的字幕轨道。在"文本"面板的"字幕"选项卡中单击"创建新字幕轨"按钮，如图 4.5.6 所示。

02　弹出"新字幕轨道"对话框，在"格式"下拉列表中选择"副标题"选项，样式可以根据需要选择，最后单击"确定"按钮，如图 4.5.7 所示。

图4.5.6　　　　　图4.5.7

03　此时，"时间线"最上方会出现一条专属的字幕轨道，如图 4.5.8 所示。

图4.5.8

04　单击"字幕"选项卡中的 按钮添加新字幕分段，就会出现一条新的字幕分段，按照需要修改内容即可，在字幕轨道中也可以显示相应内容，如图 4.5.9 所示。

图4.5.9

2. 从第三方服务导入字幕文件

如果已经拥有第三方服务提供的字幕文件，也可以直接在软件中使用并编辑。导入字幕文件的方法如下。

将字幕文件导入"项目"面板，之后可以直接将其拖入"时间线"面板，弹出"新字幕轨道"对话框，如图 4.5.10 所示。或者单击"文本"面板中"字幕"选项卡的"从文件导入说明性字幕"按钮。设置参数的方法与手动字幕相同，最后单击"确定"按钮。

此时"时间线"面板上方会自动创建该字幕文件的轨道，并根据文件分成一个个独立的字幕块。同时，在"字幕"面板中也会显示该字幕文件的详细信息，可以根据需要调节每个字幕块的文字内容，如图 4.5.11 所示。

图4.5.10　　　　　图4.5.11

4.5.3　风格化字幕

如果需要字幕样式，可以选中字幕块，在"基本图形"面板的"编辑"选项卡中修改相应参数。如果需要修改整个字幕的样式，可以在"字幕"面板中全部选中字幕，并在"基本图形"面板的"编辑"选项卡中修改。

4.5.4　语音转录文字

在视频编辑进入收尾阶段时，通常得到的是语音字幕文件，然而旧版 Premiere Pro 并不支持语音文件到文本的转录，用户时常需要借助第三方软件进行转换，耗费大量的时间与精力。在 Premiere Pro 2022 中，借助 Adobe Sensei 机器学习的强大功能，用户可以直接在软件内实现语音到文本的转录，并将其添加到"时间线"中。如果需要修改字幕样式，只需在"基本图形"面板中调整即可。语音到文本功能可供全世界的用户使用，其包括 13 种语言，并且无须额外付费，有效提高了工作效率。将语音转录到文本的具体操作分为创建转录、修改字幕、生成字幕三个步骤，具体如下。

1. 创建转录

在"文本"面板的"转录文本"选项卡中单击"创建转录"按钮，在弹出的"创建转录文本"对话框中调整参数后单击"转录"按钮，即可创建转录文本，如图 4.5.12 所示。

图4.5.12

"创建转录文本"对话框中各选项的具体使用方法如下。

音频分析：选中标记为对话的音频剪辑或从特定声音文件中选择音频进行转录。

语言：选择语言类型。

仅转录从入点到出点：如果在项目中标记了素材的出入点，选中此复选框即可输出区间内的文本结果。

将输出与现有转录合并：在特定入点和出点之间进行转录时，用户可以将自动转录插入现有转录中。

"选择后用，以识别何时有不同的说话者在讲话"：如果语音文件中有多个说话者，可以选中此复选框用于识别区分。

2. 修改字幕

编辑说话者。编辑转录文件中的说话者，单击说话者底部的 ▦ 按钮，选择弹出菜单中的"编辑说话者"选项，进而在弹出的对话框中修改名称，如图 4.5.13 所示，最后单击"保存"按钮即可。

图4.5.13

替换文本。如果需要替换转录文件中的文本，在"字幕"面板的搜索框中输入想要替换的原文字，并单击"搜索"按钮，即可查找出所有相关词汇，单击 ▣ 按钮即在 Replace with 文本框中输入想要替换的文字，单击 Replace 或 Replace All 按钮，替换当前选中文本或者全部替换，如图 4.5.14 所示。

其他转录选项，如图 4.5.15 所示，具体用法如下。

重新转录序列：放弃当前转录序列的编辑操作，重新转录。

图4.5.14

图4.5.15

导出转录：将当前转录文本导出为prtranscript
文件，后续如需使用可以直接导入。

导入转录：将转录文本直接从外部导入。

显示暂停为[…]：将停顿显示为省略号，以便
转录文本显示对话中存在的空白。

导出到文本文件：将当前转录文本导出为txt
文件。

禁用自动滚动：如果希望在"时间线"中拖
动或播放序列时，在"文本"面板中保持一部分
转录内容可见，需要选择该选项。

修改字幕后，即可将其转换为"时间线"上
的字幕。在"转录文本"选项卡中单击"创建说
明性字幕"按钮，如图4.5.16所示。

图4.5.16

此时会弹出"创建字幕"对话框，其显示了有
关如何在"时间线"上排列字幕的选项，如图4.5.17
所示，具体用法如下。

图4.5.17

从序列转录创建：即默认选项，以当前序列
转录文本创建字幕。

创建空白轨道：如果想手动添加字幕或将现
有字幕文件导入"时间线"即可选择该选项。

字幕预设：默认字幕选项，适用于大多数场景。

格式：为视频选择字幕格式，字幕适用于大
多数场景。

流：为字幕格式选择不同的广播流。

样式：如果之前保存了字幕样式，可以在此
处选择它们。

最大长度（以字符为单位）、最短持续时间（以
秒为单位）、字幕之间的间隔（帧）：用于设置
每行字幕文本的最大字数、最短持续时间或指定
字幕之间的间隔。

行数：设置字幕为单行还是双行。

3. 生成字幕

单击"生成字幕"面板中的"创建"按钮，
软件会将字幕加入"时间线"，并与对话节奏一致。
在"文本"面板也会显示，如图4.5.18和图4.5.19
所示。

图4.5.18

图4.5.19

4.6 实例：基本图形的运用

下面我们通过一个实例来说明"基本图形"面板在 After Effects 和 Premiere Pro 中的使用方法。

首先制作一个带有动态文本的字幕，可以添加特效、颜色等信息，也可以直接打开制作好的"基本图形案例"项目。

我们简单地制作了一个类似电视台字幕的效果，有播出时间等信息，在实际的工作中会经常用到。当我们制作好视频时，播出时间和内容临时调整，也许是客户对色彩不满意需要进行调整，但是已经在 Premiere Pro 输出了，再次打开 After Effects 进行编辑会异常麻烦。

这时就可以使用"基本图形"面板中的模板了，执行"窗口"→"基本图形"命令，打开"基本图形"面板。在"主合成"下拉列表中选择"基本图形案例"选项，如图 4.6.1 所示。

图4.6.1

在"时间线"面板中展开 PM 09:00-10:00 的属性，找到"源文本"属性，该属性主要控制文本的内容。选中该属性，并拖动到"基本图形"

面板。可以看到该属性被添加到"基本图形"的属性中，如图 4.6.2 所示。也可以在"时间线"面板中选中一个属性，然后执行"动画"→"将属性添加到基本图形"命令，或者在"时间线"面板中右击一个属性，然后在弹出的快捷菜单中选择"将属性添加到基本图形"选项。

图4.6.2

选中剧场文字的"源文本"属性并拖至"基本图形"面板中，为了方便识别，可以更改属性名称，当导入 Premiere Pro 时便于修改，如图 4.6.3 所示。

图4.6.3

在"时间线"面板中展开"形状图层 1"，在"填充 1"下面找到"颜色"属性，如图 4.6.4 所示，将其拖至"基本图形"面板中。

图4.6.4

将属性名称改为"字幕条颜色"，如图 4.6.5 所示，可以调整的属性包括"变换""蒙版"和"材质"等，支持的控件类型包括复选框、颜色、数字滑块（单值属性），如"变换"属性下的"不透明度"，或者用滑块控件表达式控制效果、源文本、2D 点属性、角度属性等。

图4.6.5

如果添加不受支持的属性，系统会显示警告消息："After Effects 错误：尚不支持将属性类型用于动态图形模板"。

采用相同的方法将其他两个底色也拖至"基本图形"面板，并重命名，如图 4.6.6 所示。

我们将该项目命名为 AETV，也可以为该"基本图形"添加注释，实际工作时大部分会团队协作，对项目进行注释是十分必要的。在"基本图形"面板中可以添加多个注释，并且为它们重命名和重新排序。还可以根据需要撤销和重做添加注释、将注释重新排序以及移除注释的操作，如图 4.6.7 所示。

所示。

图4.6.6

图4.6.7

在"基本图形"面板中单击"导出动态图形模板"按钮，将项目导出。在弹出的"导出为动态图形模板"对话框中选中"本地模板文件夹"选项，在"兼容性"选项区中还有两个选项。

※ "如果此动态图形模板使用 Adobe 字体中不提供的字体，请提醒我"：如果希望合成所用的任何字体在 Adobe 字体上不可用时提醒，选中该复选框。

※ "如果需要安装 After Effects 才能自定义此动态图形模板，请提醒我"：如果仅需导出与 After Effects 无关的功能（例如任何第三方增效工具），选中该复选框，如图 4.6.8 所示。

启动 Premiere Pro，执行"窗口"→"基本图形"命令，打开"基本图形"面板，可以看到 Premiere Pro 已经扫描到该模板，如图 4.6.9 所示。

图4.6.8

在"项目"面板右下角单击新建图标，为项目建立一个序列，如图4.6.10所示。

图4.6.9　　　　　图4.6.10

在"序列预设"中选中和"基本图形"项目对应的"序列"，如图4.6.11所示。

图4.6.11

在"基本图形"面板选中 AETV 项目，并拖动至新建立的序列，如果项目与序列不匹配，系统会进行提示，如图4.6.12所示。

图4.6.12

拖动播放头指针查看动画，可以看到 Premiere Pro 可以直接读取 After Effects 的项目文件，如图 4.6.13 所示。

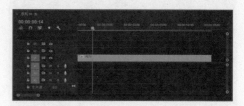

图4.6.13

选中该序列，在"基本图形"面板也可以看到在 After Effects 中编辑的各种属性，如图 4.6.14 所示。

图4.6.14

修改播放时间的内容、剧场的文字内容，以及背景字幕条的颜色，在视图中查看到对应的文字和颜色都会进行更改，但动画的内容保持不变，如图 4.6.15 所示。

图4.6.15

第5章
视频效果

5.1 认识视频效果

视频效果是 Premiere Pro 2022 中非常强大的功能。由于其效果种类众多，可模拟各种质感、风格、调色效果等，包括 140 种视频效果，被广泛应用于视频、电视、电影、广告制作等领域，深受视频工作者的喜爱，如图 5.1.1 和图 5.1.2 所示。

图5.1.1

图5.1.2

5.1.1 什么是视频效果

Premiere Pro 2022 中的视频效果可以应用于视频素材或其他素材，通过添加效果并设置参数，即可制作出很多绚丽效果，而且每个效果组都包括很多效果。在"效果"面板中可以搜索或手动查找需要的效果，找到需要的效果后，可以将"效果"面板中的效果拖至"时间线"面板中的素材上，此时该效果添加成功。然后单击被添加效果的素材，此时在"效果控件"面板中就可以看到该效果的参数了。

5.1.2 使用视频效果

本小节将介绍如何使用视频效果。视频效果对影片质量起着决定性的作用，巧妙地为影片添加各式各样的视频效果，可以使影片具有很强的视觉感染力。转场特效应用于相邻的素材之间，也可以应用于同一段素材的开始和结尾处。Premiere Pro 中的视频效果都存放在"效果"面板中的"视频效果"文件夹中，该文件夹中共有 18 个效果组，其中的"图像控制""过时""颜色校正"在本书第 7 章进行详细介绍，"键控"在第 9 章遮罩与抠像中详细介绍，如图 5.1.3 所示。

图5.1.3

5.1.3 实例：为视频素材添加视频效果

Premiere Pro 2022 的"效果"面板中提供了大量的视频效果，下面通过一个简单的实例学习如何为视频素材添加效果。

01 启动 Premiere Pro，单击"新建项目"，在弹

出的"新建项目"对话框中，设置项目名称和存放的位置，单击"确定"按钮，如图5.1.4所示。

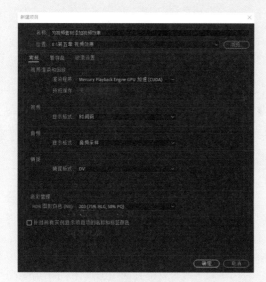

图5.1.4

02 执行"文件"→"新建"→"序列"命令，在弹出的"新建序列"对话框中，保持默认设置，单击"确定"按钮，如图5.1.5所示。

图5.1.5

03 进入 Premiere Pro 操作界面，执行"文件"→"导入"命令，在弹出的"导入"对话框中，选择需要导入的素材文件，单击"打开"按钮。

04 在"项目"面板中选中已导入的视频素材，按

住鼠标左键将其拖至"时间线"面板的V1轨道中，如图5.1.6所示。

图5.1.6

05 在"效果"面板中单击"视频效果"文件夹，将其展开，如图5.1.7所示。

图5.1.7

06 弹出"扭曲"文件夹，选择"波形变形"效果，如图5.1.8所示。

图5.1.8

07 将选中的"波形变形"效果拖至"时间线"面板中的素材上，如图5.1.9所示。

图5.1.9

08 预览素材效果，如图5.1.10和图5.1.11所示。

图5.1.10

图5.1.11

5.2 变换效果

在"效果"面板中展开"变换"文件夹，其中的效果可以使素材产生变换效果，该文件夹包括5种效果，如图5.2.1所示。

图5.2.1

5.2.1 垂直翻转

运用"垂直翻转"特效，可以使画面沿着水平中心轴翻转180°，如图5.2.2和图5.2.3所示。

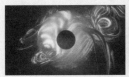 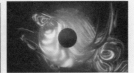

图5.2.2　　　　　图5.2.3

5.2.2 水平翻转

运用"水平翻转"特效，可以将画面沿垂直中心翻转180°，如图5.2.4和图5.2.5所示。

图5.2.4　　　　　图5.2.5

5.2.3 羽化边缘

"羽化边缘"效果是在画面周围产生像素羽化的效果，可以设置"数量"参数来控制边缘羽化的程度，如图5.2.6和图5.2.7所示。

图5.2.6　　　　　图5.2.7

5.2.4 自动重构

"自动重构"效果是将画面重新构建，可以设置"调整位置""重构偏移""重构缩放"等参数来改变画面结构,如图5.2.8~图5.2.10所示。

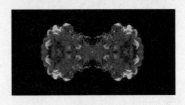

图5.2.8

图5.2.9

图5.2.10

"裁剪"效果用于对素材的边缘进行裁切，从而修改素材的尺寸，如图 5.2.11~ 图 5.2.13 所示。

图5.2.11

图5.2.12

图5.2.13

5.3　扭曲效果

"扭曲"文件夹中的效果用于对图形进行几何变形，该文件夹中包括 12 种扭曲类视频效果，如图 5.3.1 所示。

图5.3.1

图5.3.3

图5.3.4

5.3.1　偏移

"偏移"效果可以通过设置图像位置的偏移量，对图像进行水平或垂直方向上的位移，而移出的图像会在相对方向上显示，如图 5.3.2~ 图 5.3.4 所示。

图5.3.2

该效果的部分可控制参数的含义如下。

将中心移位至：用于调整移动图像的中心点位置。

与原始图像混合：用于将效果与原始图像混合，此值设置的越大，效果对剪辑的影响越小。

5.3.2 变形稳定器

"变形稳定器"效果可以消除因摄像机移动造成的抖动，从而将摇晃的素材转变为稳定、流畅的内容，如图5.3.5和图5.3.6所示。

图5.3.5

图5.3.6

5.3.3 变换

"变换"效果可以对图像的位置、缩放、不透明度、倾斜度等进行综合设置，如图5.3.7～图5.3.11所示。

图5.3.7

图5.3.8　　　　　　图5.3.9

图5.3.10　　　　　　图5.3.11

该效果的部分可控制参数的含义如下。

锚点：根据参数调整画面的中心点。

位置：设置图像位置的坐标。

等比缩放：选中该复选框，图像会以序列比例进行等比例缩放。

缩放高度：设置画面的高度缩放参数。

缩放宽度：设置画面的宽度缩放参数。

倾斜：设置图像的倾斜角度。

倾斜轴：设置素材倾斜的方向。

旋转：设置素材旋转的角度。

不透明度：设置素材的不透明度。

使用合成的快门角度：选中该复选框，在运动画面中，可使用混合图像的快门角度。

快门角度：设置运动模糊时拍摄画面的快门角度。

5.3.4 放大

"放大"效果可以放大图像的指定区域，如图5.3.12～图5.3.14所示。

图5.3.12

图5.3.13

图5.3.14

该效果的部分可控制参数的含义如下。

形状：以圆形或方形进行局部放大。

中央：设置放大区域的位置。

放大率：调整放大的倍数。

链接：设置放大区域与放大倍数的关系。

大小：设置放大区域的面积。

羽化：设置放大形状边缘的模糊程度。

不透明度：设置放大区域的透明程度。

缩放：包括"标准""柔和""扩散"3种缩放类型。

混合模式：将放大区域进行混合模式调整，从而改变放大区域的效果。

调整图层大小：选中该复选框后，会根据源素材文件来调整图层的大小。

5.3.5 旋转扭曲

"旋转扭曲"效果在默认情况下以中心为轴点，可使素材产生旋转变形的效果，"旋转"效果的参数面板如图5.3.15。

图5.3.15

该效果的部分可控制参数的含义如下。

角度：在旋转时设置素材的旋转角度。

旋转扭曲半径：控制素材在旋转扭曲过程中的半径值，设置不同"旋转扭曲半径"数值的对比效果，如图5.3.16和图5.3.17所示。

图5.3.16

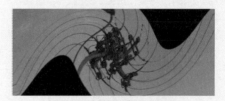

图5.3.17

5.3.6 果冻效应修复

"果冻效应修复"效果可以修复素材在拍摄时产生的抖动、变形等问题，该效果的参数面板如图5.3.18所示。

图5.3.18

该效果的部分可控制参数的含义如下。

果冻效应比率：指定扫描时间的百分比。

扫描方向：包括"上→下""下→上""左→右""右→左"4种扫描方式。

高级：其中包括"变形"和"像素运动"两种方法，以及"详细分析"的像素运动细节调整。

像素运动细节：调整画面中像素的运动情况。

5.3.7　波形变形

"波形变形"效果可以设置波纹的形状、方向及宽度，波形变形效果的参数面板如图 5.3.19 所示，调整效果对比如图 5.3.20 和图 5.3.21 所示。

图5.3.19

图5.3.20

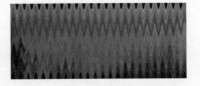

图5.3.21

该效果的部分可控制参数的含义如下。

波形类型：在下拉列表中选择波形的形状。

波形高度：在应用该效果时，可以调整素材的波纹高度，数值越大高度越高。

波形宽度：可以调整素材的波纹宽度，数值越大宽度越宽。

方向：控制波浪的旋转角度。

波形速度：可以调整画面产生波形的速度。

固定：在下拉列表中可选择目标固定的类型。

相位：设置波浪的水平移动位置。

消除锯齿：可以消除波浪边缘的锯齿。

5.3.8　湍流置换

"湍流置换"效果可以对素材图像进行多种方式的扭曲变形，该效果的参数面板如图 5.3.22 所示，调整效果对比如图 5.3.23 和图 5.3.24 所示。

图5.3.22

图5.3.23

图5.3.24

该效果的部分可控制参数的含义如下。

置换：在该下拉列表中包括多种置换方式选项。

数量：控制画面的变形程度。

大小：设置画面的扭曲幅度。

偏移（湍流）：设置扭曲的坐标位置。

复杂度：控制画面变形的复杂程度。

演化：控制画面中像素的变形程度。

演化选项：可以针对画面的放大区域进行出入点设置、剪辑设置和抗锯齿设置。

5.3.9　球面化

"球面化"效果可以使画面中产生球面变形的效果，"球面化"效果的参数面板如图5.3.25所示，调整效果对比如图5.3.26和图5.3.27所示。

图5.3.25

图5.3.26

图5.3.27

该效果的部分可控制参数的含义如下。

半径：设置球面在画面中的大小。

球面中心：设置球面的水平位移情况。

5.3.10　边角定位

"边角定位"效果可以通过设置参数重新定位图像的4个顶点，从而得到变形的效果，该效果的参数面板如图5.3.28所示，调整效果对比如图5.3.29和图5.3.30所示。

图5.3.28

图5.3.29

图5.3.30

5.3.11　镜像

"镜像"效果可以使图像沿指定角度的射线进行反射，形成镜像的效果，该效果的参数面板如图5.3.31所示，调整效果对比如图5.3.32和图5.3.33所示。

图5.3.31

图5.3.32

图5.3.33

该效果的部分可控制参数的含义如下。

反射中心：设置镜面反射中心的位置，通常搭配"反射角度"参数一起使用。

反射角度：设置镜面反射的倾斜角度。

5.3.12 镜头扭曲

"镜头扭曲"效果可以将图像的四角弯折，从而出现镜头扭曲的效果，该效果的参数面板如图5.3.34所示，调整效果对比如图5.3.35和图5.3.36所示。

该效果的部分可控制参数的含义如下。

曲率：设置镜头的弯曲程度。

5.4 透视效果

"透视"文件夹中的效果可以为图像添加深度，使图像看起来有立体感，该文件夹包括5种视频透视效果，如图5.4.1所示。

垂直偏移 / 水平偏移：设置素材在垂直方向或水平方向的像素偏离轴点的程度。

垂直棱镜效果 / 水平棱镜效果：设置素材在垂直或水平方向的拉伸程度。

填充 Alpha：选中该复选框，即可为图像填充 Alpha 通道。

填充颜色：设置素材偏移过度时所导致无像素位置的颜色。

图5.3.34

图5.3.35

图5.3.36

图5.4.1

5.4.1　基本 3D

"基本 3D"效果是将图像放置在一个虚拟的三维空间中，为图像创建旋转和倾斜效果，该效果的参数面板如图 5.4.2 所示，调整效果对比如图 5.4.3 和图 5.4.4 所示。

图5.4.2

图5.4.3

图5.4.4

5.4.2　径向阴影

"径向阴影"效果可以为图像添加一个点光源，使阴影投射到下层素材上，如图 5.4.5~ 图 5.4.7 所示。

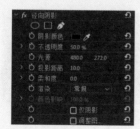

图5.4.5

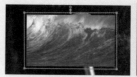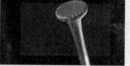

图5.4.6　　　　　图5.4.7

5.4.3　投影

"投影"效果可以为图像创建阴影效果，如图 5.4.8~ 图 5.4.10 所示。

图5.4.8

图5.4.9　　　　　图5.4.10

5.4.4　斜面 Alpha

"斜面 Alpha"效果可以使图像的 Alpha 通道倾斜，使二维图像看起来具有三维效果，如图 5.4.11~ 图 5.4.13 所示。

图5.4.11

图5.4.12　　　　　图5.4.13

5.4.5 边缘斜面

"边缘斜面"效果可以在图像四周产生立体斜边效果，如图 5.4.14~ 图 5.4.16 所示。

图5.4.14

图5.4.15

图5.4.16

5.5 实例：变形类视频特效

01 启动 Premiere Pro，单击"新建项目"按钮，在弹出的"新建项目"对话框中设置项目名称和项目存储位置，单击"确定"按钮关闭对话框，如图 5.5.1 所示。

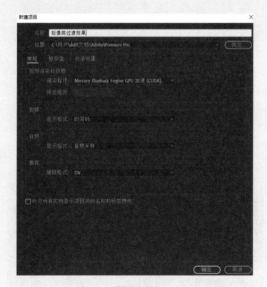
图5.5.1

02 执行"文件"→"新建"→"序列"命令，在弹出的"新建序列"对话框中单击"确定"按钮，如图 5.5.2 所示。

03 在"项目"面板中，右击并在弹出的快捷菜单中选择"导入"选项，在弹出的"导入"对话框中选择需要导入的素材，单击"打开"按钮，导入素材。

图5.5.2

04 在"项目"面板中选择"物体 .mp4"素材，将其拖至"时间线"面板的 V1 轨道中的 00:00:00:00 处，如图 5.5.3 所示。

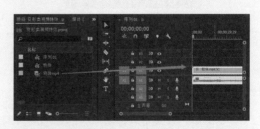
图5.5.3

05 打开"效果"面板，打开"视频效果"文件夹，选择"扭曲"文件夹下的"球面化"视频效果，将其拖至"时间线"面板中的"物体 .mp4"
素材上，如图 5.5.4 所示。

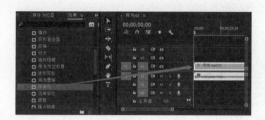

图5.5.4

06　打开"效果控件"面板，在"效果控件"面板
　　中，设置时间为 00:00:03:00，设置"半径"
　　值为 195.0，球面中心（964.0，462.0），如图
　　5.5.5 所示。

图5.5.5

07　按空格键预览视频效果，如图 5.5.6 和图 5.5.7
　　所示。

图5.5.6

图5.5.7

5.6　杂色与颗粒效果

"杂色与颗粒"效果文件夹中的效果用于柔
和图像处理，可以在图像上添加杂色或者去除图
像上的噪点。该文件夹中包括 6 种效果，如图 5.6.1
所示。

图5.6.1

5.6.1　中间值

"中间值"效果可以将图像中的像素用其周
围像素的 RGB 平均值来代替，减少图像上的杂色
和噪点，如图 5.6.2~ 图 5.6.4 所示。

图5.6.2

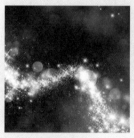

图5.6.3

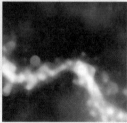

图5.6.4

5.6.2　杂色

"杂色"效果可以在画面中添加模拟的噪点，
如图 5.6.5~ 图 5.6.7 所示。

图5.6.5

图5.6.6

图5.6.7

5.6.3 杂色 Alpha

"杂色 Alpha"效果可以在图像的 Alpha 通道中生成杂色，如图 5.6.8~ 图 5.6.10 所示。

图5.6.8

图5.6.9

图5.6.10

5.6.4 杂色 HLS

"杂色 HLS"效果可以在图像中生成杂色效果后，对杂色噪点的亮度、色相和饱和度进行设置，如图 5.6.11~ 图 5.6.13 所示。

图5.6.11

图5.6.12

图5.6.13

5.6.5 杂色 HLS 自动

"杂色 HLS 自动"效果可以自动在图像中生成杂色效果，还可以对杂色噪点的亮度、色相和饱和度进行设置，如图 5.6.14~ 图 5.6.16 所示。

图5.6.14

图5.6.15

图5.6.16

5.6.6 蒙尘与划痕

"蒙尘与划痕"效果可以在图像上生成类似灰尘的杂色噪点效果，如图 5.6.17~ 图 5.6.19 所示。

图5.6.17

图5.6.18

图5.6.19

5.7 模糊与锐化效果

"模糊与锐化"文件夹中的视频效果可以为画面添加模糊和锐化的效果。该文件夹包含 8 种视频效果，如图 5.7.1 所示。

图5.7.1

5.7.1 减少交错闪烁

"减少交错闪烁"效果可以使素材减少交错闪烁的模糊效果，如图 5.7.2~ 图 5.7.4 所示。

图5.7.2

图5.7.3   图5.7.4

5.7.2 复合模糊

"复合模糊"效果可以使素材产生柔和模糊的效果，如图 5.7.5~ 图 5.7.7 所示。

图5.7.5

图5.7.6   图5.7.7

5.7.3 方向模糊

"方向模糊"效果可以使图像按照指定方向进行模糊，如图 5.7.8~ 图 5.7.10 所示。

图5.7.8

图5.7.9   图5.7.10

5.7.4 相机模糊

"相机模糊"效果可以使图像产生类似拍摄时没有对准焦点的"虚焦"效果，如图 5.7.11~ 图 5.7.13 所示。

图5.7.11

图5.7.12   图5.7.13

5.7.5 通道模糊

"通道模糊"效果可以对素材图像的红、绿、蓝或 Alpha 通道进行单独的模糊处理，如图 5.7.14~ 图 5.7.16 所示。

图5.7.14

 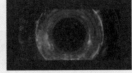

图5.7.15　　　　　图5.7.16

5.7.6 钝化蒙版

"钝化蒙版"效果可以通过调整像素之间的颜色差异，对画面进行锐化处理，如图 5.7.17~ 图 5.7.19 所示。

图5.7.17

图5.7.18　　　　　图5.7.19

5.7.7 锐化

"锐化"效果可以通过增强相邻像素之间的对比度，使图像变得更加清晰，如图 5.7.20~ 图 5.7.22 所示。

图5.7.20

图5.7.21　　　　　图5.7.22

5.7.8 高斯模糊

"高斯模糊"效果可以使图像产生不同程度的虚化效果，如图 5.7.23~ 图 5.7.25 所示。

图5.7.23

图5.7.24　　　　　图5.7.25

5.8 实例：画面质量类视频特效

01　启动 Premiere Pro，单击"新建项目"按钮，在弹出的"新建项目"对话框中设置项目名称和项目存储位置，单击"确定"按钮关闭对话框，如图 5.8.1 所示。

图5.8.1

02 执行"文件"→"新建"→"序列"命令，在弹出的"新建序列"对话框中单击"确定"按钮，如图 5.8.2 所示。

图5.8.2

03 在"项目"面板中右击，在弹出的快捷菜单中选择"导入"选项，在弹出的"导入"对话框中选择需要导入的素材，单击"打开"按钮，导入素材。

04 在"项目"面板中选择"旅行 .mp4"素材，

将其拖至"时间线"面板的 V1 轨道中，如图 5.8.3 所示。

图5.8.3

05 打开"效果"面板，打开"视频效果"文件夹，选择"杂色与颗粒"子文件夹下的"杂色 HLS"视频效果，将其拖至"时间线"面板中的"旅行 .mp4"素材上，如图 5.8.4 所示。

图5.8.4

06 打开"效果控件"面板，设置"色相"值为 51.0%，"亮度"值为 28.0%，"饱和度"值为 28.0%，如图 5.8.5 所示。

图5.8.5

07 按空格键预览视频效果，如图 5.8.6 和图 5.8.7 所示。

图5.8.6

图5.8.7

5.9 风格化效果

"风格化"文件夹中的效果主要用于对图像进行艺术化处理，而不会进行较大的扭曲处理。该文件夹中包含 13 种视频效果，如图 5.9.1 所示。

图5.9.1

5.9.1 Alpha 发光

"Alpha 发光"效果是在图像的 Alpha 通道中生成向外的发光效果，如图 5.9.2~ 图 5.9.4 所示。

图5.9.2

图5.9.3　　　　图5.9.4

5.9.2 复制

"复制"效果可以在画面中复制图像，如图 5.9.5~ 图 5.9.7 所示。

图5.9.5

图5.9.6

图5.9.7

5.9.3 彩色浮雕

"彩色浮雕"效果可以将图像处理成浮雕效果，但不移除图像的颜色，如图 5.9.8~ 图 5.9.10 所示。

图5.9.8

图5.9.9

图5.9.10

5.9.4 曝光过度

"曝光过度"效果可以将图像调整为类似照片曝光过度的效果，如图 5.9.11~ 图 5.9.13 所示。

图5.9.11

图5.9.12　　　　　　　　图5.9.13

5.9.5　查找边缘

　　"查找边缘"效果可以通过查找对比度高的区域，将其以线条方式进行边缘勾勒，如图5.9.14~图5.9.16所示。

图5.9.14

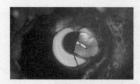

图5.9.15　　　　　　　　图5.9.16

5.9.6　浮雕

　　"浮雕"效果可以使图像产生浮雕效果，并去除颜色，如图5.9.17~图5.9.19所示。

图5.9.17

图5.9.18　　　　　　　　图5.9.19

5.9.7　画笔描边

　　"画笔描边"效果可以模仿画笔绘图的效果，如图5.9.20~图5.9.22所示。

图5.9.20

图5.9.21　　　　　　　　图5.9.22

5.9.8　粗糙边缘

　　"粗糙边缘"效果可以使图像边缘粗糙化，如图5.9.23~图5.9.25所示。

图5.9.23

图5.9.24　　　　　　　　图5.9.25

5.9.9　纹理

"纹理"效果可以在当前图层中创建指定图层的浮雕纹理，如图5.9.26~图5.9.28所示。

图5.9.26

图5.9.27　　　　　图5.9.28

5.9.10　色调分离

"色调分离"效果可以通过改变图像的色彩层次来改变图像效果，如图5.9.29~图5.9.31所示。

图5.9.29

图5.9.30　　　　　图5.9.31

5.9.11　闪光灯

"闪光灯"效果可以在指定的帧画面中创建闪烁效果，如图5.9.32和图5.9.33所示。

图5.9.32　　　　　图5.9.33

5.9.12　阈值

"阈值"效果可以通过调整阈值，将图像变为黑白模式，如图5.9.34~图5.9.36所示。

图5.9.34

图5.9.35　　　　　图5.9.36

5.9.13　马赛克

"马赛克"效果可以在画面上生成马赛克效果，如图5.9.37~图5.9.39所示。

图5.9.37

图5.9.38　　　　　图5.9.39

5.10 生成效果

"生成"文件夹中的效果主要是对光和补充颜色的处理，使画面具有光感和动感。该文件夹包含 12 种视频效果，如图 5.10.1 所示。

图5.10.1

"书写"效果可以在图像上创建类似画笔书写的关键帧动画，如图 5.10.2~ 图 5.10.4 所示。

图5.10.2　　　　图5.10.3

图5.10.4

"单元格图案"效果可以在图像上模拟生成不规则单元格的效果，在"单元格"下拉列表中可以选择要使用的单元格图案，其中 HQ 表示高质量图案，这些图案采用比未标记的对应图案更高的清晰度加以渲染，如图 5.10.5 和图 5.10.6 所示。

图5.10.5

图5.10.6

该效果的部分可控制参数的含义如下。

反转：选中该复选框反转单元格图案，黑色区域变为白色，而白色区域变为黑色。

对比度 / 锐度：当使用"气泡""晶体""枕状""混合晶体"或"管状"单元格图案时，可以调整单元格图案的对比度；当使用"印版""静态板"或"晶格化"单元格图案时，可以调整单元格图案的锐度。

溢出：用于重新映射位于灰度范围 0~255 之外的值。如果选择了"基于锐度"单元格图案，则"溢出"参数不可用。

分散：设置绘制图案的随机程度。较低的值将产生更统一或类似网格的单元格图案。

大小：设置单元格的大小，默认大小为 60。

偏移：设置单元格图案的偏移坐标。

平铺选项：选中"启用平铺"复选框可以创建重复平铺的图案。

"水平单元格"和"垂直单元格"：确定每个平铺的宽度有多少个单元格以及高度有多少个单元格。

演化：该参数将产生随时间推移的图案变化。

演化选项：该选项组提供的控件用于控制在一个短周期内的渲染效果，然后在剪辑的持续时间内进行循环。使用这些控件可以将单元格图案元素预渲染到循环中，从而加速渲染。

5.10.3　吸管填充

"吸管填充"效果可以提取采样点的颜色来填充整个画面，从而得到整体画面的偏色效果，如图5.10.7~图5.10.9所示。

图5.10.7

图5.10.8

图5.10.9

5.10.4　四色渐变

"四色渐变"效果可以设置4种相互渐变的颜色，使素材中产生4种颜色的渐变效果，如图5.10.10~图5.10.12所示。

图5.10.10

图5.10.11　　　　图5.10.12

5.10.5　圆形

"圆形"效果可以在图像上创建一个自定义的圆形或圆环图案，如图5.10.13~图5.10.15所示。

图5.10.13

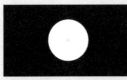 

图5.10.14　　　　图5.10.15

该效果的部分可控制参数的含义如下。

第5章　视频效果

中心：控制圆的中心位置。

边缘：确定圆的形状和边缘处理方式。

厚度：设置圆环的宽度。

羽化：设置羽化的程度。

反转圆形：选中该复选框反转遮罩。

混合模式：设置与原始剪辑素材的混合模式。

5.10.6　棋盘

"棋盘"效果可以在图像上创建一种棋盘格的图案效果。添加"棋盘"效果后，在素材上方可自动呈现黑白矩形交错的棋盘效果，如图5.10.16~图5.10.18所示。

图5.10.16

图5.10.17

图5.10.18

该效果的部分可控制参数的含义如下。

锚点：用于改变棋盘图案的位置原点。

大小依据：确定调整矩形尺寸的方式。

边角：确定棋盘的边角位置，以此改变大小。

宽度/高度：设置矩形的宽度和高度。

羽化：设置棋盘边缘的羽化程度。

颜色：设置棋盘格中非透明矩形的颜色。

不透明度：设置棋盘格中非透明矩形的不透

明度。

混合模式：设置棋盘图案与原始素材的混合模式。

5.10.7　椭圆

"椭圆"效果可以在图像上创建一个椭圆形的光圈图案。通过调整参数可以更改椭圆的位置、颜色、宽度、柔和度等，如图5.10.19~图5.10.21所示。

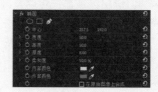

图5.10.19

图5.10.20

图5.10.21

5.10.8　油漆桶

"油漆桶"效果可以将图像上指定区域的颜色用另外一种颜色代替，如图5.10.22~图5.10.24所示。

图5.10.22

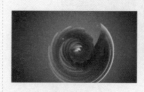

图5.10.23

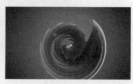

图5.10.24

5.10.9　渐变

　　"渐变"效果可以在图像上叠加一个双色渐变填充的蒙版效果。"渐变"效果可以在素材上方填充线性渐变或径向渐变，如图 5.10.25~ 图 5.10.27 所示。

图5.10.25

图5.10.26　　　　　图5.10.27

5.10.10　网格

　　应用"网格"效果后可以使素材上方自动生成矩形网格，如图 5.10.28~ 图 5.10.30 所示。

图5.10.28

图5.10.29　　　　　图5.10.30

5.10.11　镜头光晕

　　"镜头光晕"效果可以模拟在自然光下拍摄时所遇到的强光，从而使画面产生的光晕效果，如图 5.10.31~ 图 5.10.33 所示。

图5.10.31

图5.10.32　　　　　图5.10.33

　　该效果的部分可控制参数的含义如下。

　　光晕中心：用于调整光晕的位置，也可以使用鼠标拖动十字光标来调节光晕的位置。

　　光晕亮度：用于调整光晕的亮度。

　　镜头类型：在该下拉列表中可以选择"50-300毫米变焦""35 毫米定焦"和"105 毫米定焦"3种类型。其中"50-300 毫米变焦"产生光晕并模仿阳光的效果；"35 毫米定焦"只产生强光，没有光晕；"105 毫米定焦"产生比前一种镜头更强的光。

5.10.12　闪电

　　"闪电"效果可以在图像上产生类似闪电或火花的效果，如图 5.10.34 和图 5.10.35 所示。

图5.10.34

图5.10.35

该效果的部分可控制参数的含义如下。

起始点：用于设置闪电开始点的位置。

结束点：用于设置闪电结束点的位置

分段：用于设置闪电光线的数量。

振幅：用于设置闪电光线的振幅。

细节级别：用于设置光线颜色的色阶。

细节振幅：用于设置光线波的振幅。

分支：用于设置每束光线的分支。

再分支：用于设置再分支的位置。

分支角度：用于设置光线分支的角度。

分支段长度：用于设置光线分支的长度。

分支段：用于设置光线分支的数目。

分支宽度：用于设置光线分支的粗细。

速度：用于设置光线变化的速率。

稳定性：用于设置固定光线的数值。

固定端点：通过设置的值对结束点的位置进行调整。

宽度：用于设置光线的粗细。

宽度变化：用于设置光线粗细的变化。

核心宽度：用于设置光源的中心宽度。

外部颜色：用于设置光线外部的颜色。

内部颜色：用于设置光线内部的颜色。

拉力：用于设置光线推拉时的强度。

拖拉方向：用于设置光线推拉时的角度。

随机植入：用于设置光线辐射变化时的速度级别。

混合模式：用于设置光线和背景的混合模式。

模拟：选中"在每一帧处重新运行"复选框，可以在每一帧上都重新运行。

5.11 实例：光照类视频特效

01 启动 Premiere Pro，单击"新建项目"按钮，在弹出的"新建项目"对话框中设置项目名称和项目存储位置，单击"确定"按钮关闭对话框，如图 5.11.1 所示。

02 执行"文件"→"新建"→"序列"命令，在弹出的"新建序列"对话框中单击"确定"按钮，如图 5.11.2 所示。

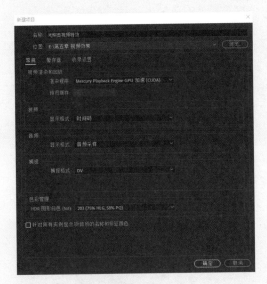

图5.11.1

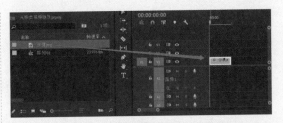

图5.11.3

05 打开"效果"面板，进入"视频效果"文件夹，选择"生成"子文件夹下的"镜头光晕"视频效果，将其拖至"时间线"面板中的"沙漠.png"素材上，如图 5.11.4 所示。

图5.11.4

06 打开"效果控件"面板，在"效果控件"面板中，设置"光晕中心"为（465.2，139.8），"光晕亮度"值为 100%，如图 5.11.5 所示。

图5.11.5

图5.11.2

03 在"项目"面板中右击，在弹出的快捷菜单中选择"导入"选项，在弹出的"导入"对话框中选择需要导入的素材，单击"打开"按钮导入素材。

04 在"项目"面板中选择"沙漠.png"素材，将其拖至"时间线"面板的 V1 轨道中的 00:00:00:00 处，如图 5.11.3 所示。

07 按空格键预览视频效果，如图 5.11.6 和图 6.11.7 所示。

图5.11.6   图5.11.7

5.12 时间效果

"时间"文件夹中的效果用于对动态素材的时间特性进行控制，该文件夹中包含两种效果，如图 5.12.1 所示。

图5.12.1

5.12.1 残影

"残影"效果可以将一个素材中很多不同的时间帧混合，产生视觉回声或者飞奔的动感效果，如图 5.12.2~ 图 5.12.4 所示。

图5.12.2

图5.12.3

图5.12.4

5.12.2 色调分离时间

"色调分离时间"效果主要用于设置素材的帧速率，如图 5.12.5 所示。

图5.12.5

5.13 实用程序效果

"实用程序"文件夹中只有"Cineon 转换器"这一种效果，可以改变画面的明度、色调、高光和灰度，"Cineon 转换器"效果的参数面板，如图 5.13.1 所示，添加该效果的前后对比效果如图 5.13.2 和图 5.13.3 所示。

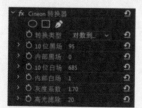

图5.13.1

该效果的部分可控制参数的含义如下。

转换类型：该下拉列表中包括"线性到对数""对数到线性""对数到对数"3 种色调转换类型。

10 位黑场：设置画面细节的黑点数量。

内部黑场：设置画面整体的黑点数量。

10 位白场：设置画面细节的白点数量。

内部白场：设置画面整体的白点数量。

灰度系数：设置画面的灰度。

高光滤除：设置画面中的高光数量。

图5.13.2　　　　　图5.13.3

5.14　沉浸式视频

　　"沉浸式视频"文件夹中的效果可以通过把高分辨率的立体投影技术、三维计算机图形技术和音响技术等有机地结合在一起，从而营造一种较高感官体验的虚拟环境。该文件夹中包含 11 种视频效果，如图 5.14.1 所示。

图5.14.1

5.14.1　VR 分形杂色

　　"VR 分形杂色"效果可以使画面出现杂色效果，如图 5.14.2 和图 5.14.3 所示。

图5.14.2　　　　　图5.14.3

5.14.2　VR 发光

　　"VR 发光"效果可以使图像产生一种发光的效果，如图 5.14.4 和图 5.14.5 所示。

图5.14.4　　　　　图5.14.5

5.14.3　VR 平面到球面

　　"VR 平面到球面"效果可以使画面产生立体化球面效果，如图 5.14.6 和图 5.14.7 所示。

图5.14.6　　　　　图5.14.7

5.14.4　VR 投影

　　"VR 投影"效果可以使画面产生具有立体感的扭曲变形效果，如图 5.14.8 和图 5.14.9 所示。

图5.14.8　　　　　图5.14.9

5.14.5 VR 数字故障

"VR 数字故障"效果可以使图像画面产生一种类似电视信号噪点的效果,如图 5.14.10 和图 5.14.11 所示。

图5.14.10   图5.14.11

5.14.6 VR 旋转球面

"VR 旋转球面"效果可以使画面产生球面旋转变形的效果,如图 5.14.12 和图 5.14.13 所示。

图5.14.12   图5.14.13

5.14.7 VR 模糊

"VR 模糊"效果可以使画面产生不同程度的虚化效果,如图 5.14.14 和图 5.14.15 所示。

图5.14.14   图5.14.15

5.14.8 VR 色差

"VR 色差"效果可以通过调节图像的红、绿、蓝色的色差来改善画面的效果,如图 5.14.16 和图 5.14.17 所示。

图5.14.16   图5.14.17

5.14.9 VR 锐化

"VR 锐化"效果可以使图像变得更加清晰,如图 5.14.18 和图 5.14.19 所示。

图5.14.18   图5.14.19

5.14.10 VR 降噪

"VR 降噪"效果可以降低画面噪点,使画面柔化,如图 5.14.20 和图 5.14.21 所示。

图5.14.20   图5.14.21

5.14.11 VR 颜色渐变

"VR 颜色渐变"效果可以混合画面颜色,从而产生一种颜色渐变的效果,如图 5.14.22 和图 5.14.23 所示。

图5.14.22   图5.14.23

5.15 视频效果

"视频"文件夹的效果主要用来模拟视频信号的电子波动,该文件夹包含4种效果,如图5.15.1所示。

图5.15.1

5.15.1　SDR 遵从情况

"SDR 遵从情况"效果可以用来提升画面图像的清晰度和明亮度,如图 5.15.2 和图 5.15.3 所示。

图5.15.2　　　　　　图5.15.3

5.15.2　剪辑名称

"剪辑名称"效果可以在"节目监视器"面板中播放素材时,在屏幕中显示该素材剪辑的名称,如图 5.15.4 和图 5.15.5 所示。

图5.15.4　　　　　　图5.15.5

5.15.3　时间码

"时间码"效果可以将时间码"录制"到影片中,以便在"节目监视器"面板中显示,如图5.15.6和图 5.15.7 所示。

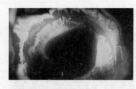 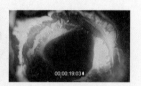

图5.15.6　　　　　　图5.15.7

5.15.4　简单文本

"简单文本"效果可以在素材图像上添加简单的文字效果,通过"效果控件"面板可以调节文字内容和基本格式,如图 5.15.8 和图 5.15.9 所示。

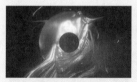 

图5.15.8　　　　　　图5.15.9

5.16 转场特效

"过渡"文件夹中的效果与"视频过渡"文件夹中的效果类似,区别在于,该文件夹中的效果默认持续时间长度是整个素材范围。该文件夹中包含 5 种视频转场特效,如图 5.16.1 所示。

图5.16.1

材进行渐变切换。在渐变切换中，第二个场景充满灰度图像的黑色区域，然后通过每一个灰度级开始显现进行转换，直到白色区域变得完全透明，如图 5.16.6 和图 5.16.7 所示。

图5.16.6   图5.16.7

5.16.1 　块溶解

　　"块溶解"效果可以在图像上生成随机块，并使素材消失在随机块中，如图 5.16.2 和图 5.16.3 所示。

图5.16.2   图5.16.3

5.16.4 　百叶窗

　　"百叶窗"效果可以用类似百叶窗的条纹蒙版逐渐遮挡原素材，并显示出新素材，如图 5.16.8 和图 5.16.9 所示。

图5.16.8   图5.16.9

5.16.2 　径向擦除

　　"径向擦除"效果可以以指定的点为中心，以旋转的方式逐渐将图像擦除，如图 5.16.4 和图 5.16.5 所示。

图5.16.4   图5.16.5

5.16.5 　线性擦除

　　"线性擦除"效果可以通过线条滑动的方式，擦除原素材，显示出下方的新素材，如图 5.16.10 和图 5.16.11 所示。

图5.16.10   图5.16.11

5.16.3 　渐变擦除

　　"渐变擦除"效果可以基于亮度值将两个素

5.17 　调整效果

　　在"调整"文件夹中的效果主要用来调整素材的颜色，其中包含 5 种视频效果，如图 5.17.1 所示。

图5.17.1

图5.17.6 图5.17.7

5.17.1 ProeAmp

ProeAmp（调色）效果可以调整视频的亮度、对比度、色相、饱和度以及拆分百分比，如图 5.17.2~图 5.17.4 所示。

图5.17.2

图5.17.3 图5.17.4

5.17.2 光照效果

"光照效果"效果可以为图像添加照明效果，如图 5.17.5~图 5.17.7 所示。

图5.17.5

5.17.3 卷积内核

"卷积内核"效果可以通过调整参数来调整画面的色阶，如图 5.17.8~图 5.17.10 所示。

图5.17.8

图5.17.9 图5.17.10

5.17.4 提取

"提取"效果可以将素材的颜色转化为黑白，如图 5.17.11~图 5.17.13 所示。

图5.17.11

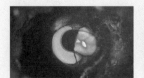

图5.17.12 　　　　　图5.17.13

图5.17.14

5.17.5　色阶

"色阶"效果可以调整画面中的明暗层次，如图 5.17.14~ 图 5.17.16 所示。

图5.17.15 　　　　　图5.17.16

5.18　通道效果

"通道"文件夹中的效果可以对素材的通道进行处理，达到调整图像颜色、色阶等颜色属性的目的。该文件夹中包括7种效果，如图5.18.1所示。

图5.18.1

5.18.1　反转

"反转"效果可以将图像中的颜色反转成相应的互补色，如图 5.18.2~ 图 5.18.4 所示。

图5.18.3 　　　　　图5.18.4

5.18.2　复合运算

"复合运算"效果可以使用数学运算的方式创建图层的组合效果，如图 5.18.5~ 图 5.18.7 所示。

图5.18.5

图5.18.6 　　　　　图5.18.7

5.18.3　混合

"混合"效果可以将指定轨道的图像混合，如图 5.18.8~ 图 5.18.10 所示。

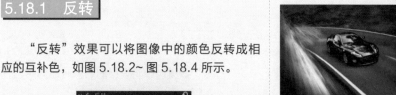

图5.18.2

图5.18.8

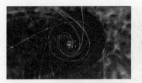
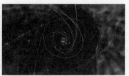

图5.18.15 图5.18.16

图5.18.9 图5.18.10

5.18.6 计算

"计算"效果可以通过混合指定的通道和各种混合模式的设置，调整图像颜色的效果，如图5.18.17~图5.18.19所示。

5.18.4 算术

"算术"效果可以对图像的色彩通道进行算术运算，如图5.18.11~图5.18.13所示。

图5.18.17

图5.18.11

图5.18.18 图5.18.19

图5.18.12 图5.18.13

5.18.5 纯色合成

"纯色合成"效果可以将一种颜色覆盖在素材上，将它们以不同的方式混合，如图5.18.14~图5.18.16所示。

5.18.7 设置遮罩

"设置遮罩"效果是通过当前图层的Alpha通道取代指定图层的Alpha通道，从而创建移动蒙版的效果，如图5.18.20~图5.18.22所示。

图5.18.14

图5.18.20

图5.18.21

图5.18.22

5.19　实例：为视频素材添加视频效果

　　Premiere Pro 2022 的"效果"面板中提供了大量的视频效果，下面通过一个简单的实例讲述如何为视频素材添加效果。

01　启动 Premiere Pro 软件，单击"新建项目"，在弹出的"新建项目"对话框中，设置项目名称和存放的位置，单击"确定"按钮，如图5.19.1 所示。

图5.19.2

图5.19.1

02　执行"文件"→"新建"→"序列"命令，在弹出的"新建序列"对话框中，选择默认设置，再单击"确定"按钮，如图5.19.2 所示。

03　进入 Premiere Pro 操作界面，执行"文件"→"导入"命令，在弹出的"导入"对话框中，选择需要导入的素材文件，单击"打开"按钮。

04　在"项目"面板中选择已导入的视频素材，按住鼠标左键将其拖至"时间线"面板的 V1 轨道中，如图 5.19.3 所示。

图5.19.3

05 在"效果"面板中单击"视频效果"文件夹，将其展开，如图 5.19.4 所示。

图5.19.4

06 展开"扭曲"子文件夹，选择"波形变形"效果，如图 5.19.5 所示。

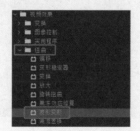

图5.19.5

07 将选中的"波形变形"效果拖至"时间线"面板中的素材上，如图 5.19.6 所示。

图5.19.6

08 预览素材效果，如图 5.19.7 和图 5.19.8 所示。

图5.19.7

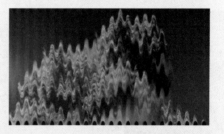

图5.19.8

5.20 综合实例：文字雨

所谓"文字雨"，就是使文字产生像下雨一样的运动效果。本节将学习如何制作"文字雨"视频效果。下面将介绍具体的应用与操作方法。

第5章 视频效果

01 启动 Premiere Pro 2022，新建项目和序列，选
择合适的序列预设，单击"确定"按钮，完成
设置，如图 5.20.1 和图 5.20.2 所示。

图5.20.1

图5.20.2

02 执行"新建"→"字幕"→"旧版标题"命令，
弹出"新建字幕"对话框，单击"确定"按钮，
如图 5.20.3 所示。

03 打开"字幕编辑器"面板，单击"滚动、游动
选项"按钮，弹出"滚动/游动选项"对话框，
选中"滚动"单选按钮和"结束于屏幕外"复
选框，单击"确定"按钮，如图 5.20.4 所示。

图5.20.3   图5.20.4

04 单击"垂直文字工具"按钮，在"字幕编辑"
面板中绘制一个大文本框，并输入字幕，设置
适当的字体、大小、行距、间距，如图 5.20.5
所示。

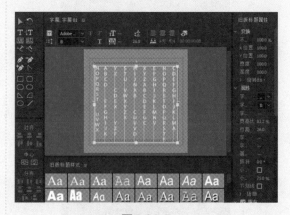

图5.20.5

05 关闭"字幕编辑器"面板，在"项目"面板中
选择"字幕01"素材，将其拖至"时间线"中，
如图 5.20.6 所示。

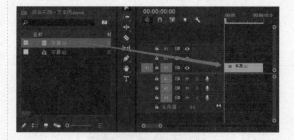

图5.20.6

06 打开"效果"面板，打开"视频效果"文件夹，
选择"时间"文件夹中的"残影"特效，如图
5.20.7 所示。

07 选择"时间线"中的"字幕01"素材，打开"效
果控件"面板，设置"残影时间（秒）"值为

0.100，"残影数量"值为 5，"起始强度"值为 1.00，"衰减"值为 0.70，如图 5.20.8 所示。

图5.20.7

图5.20.8

08 执行"文件"→"新建"→"序列"命令，弹出"新建序列"对话框，单击"确定"按钮，创建第二个序列，如图 5.20.9 所示。

图5.20.9

09 在"项目"面板中选择"序列 01"，将其拖至"序列 02"的视频轨道中，如图 5.20.10 所示。

10 执行"剪辑"→"速度持续时间"命令，弹出"剪辑速度 / 持续时间"对话框，选中"倒放速度"

复选框，单击"确定"按钮，完成设置，如图 5.20.11 所示。

图5.20.10

图5.20.11

11 按 Enter 键渲染项目，渲染完成后预览最终效果，如图 5.20.12～图 5.20.14 所示。

图5.20.12   图5.20.13

图5.20.14

第6章
视频过渡

6.1 认识视频过渡

转场特效在视频制作中称为"转场"或"镜头切换"，它标志着一个片段的结束和下一个片段的开始。在相邻片段（素材）之间采用一定的技巧如划像、叠变、卷页等，实现片段或情节之间的平滑过渡，或者达到丰富画面效果以吸引观众的目的，这样的技巧就是转场。

使用各种转场，可以使影片衔接得更加自然、更加有趣。制作出令人赏心悦目的转场特效能够大幅增加影视作品的艺术感染力，如图 6.1.1 和图 6.1.2 所示。

图6.1.1

图6.1.2

6.1.1 使用转场特效

转场特效应用于相邻的片段之间，也可以应用于同一个片段的开始和结尾，Premiere Pro 2022 中提供了很多经典的转场特效，存放在"效果"面板的"视频过渡"文件夹中，该文件夹中共有 8 组转场特效，如图 6.1.3 所示。具体的操作步骤如下。

01 启动 Premiere Pro，单击"新建项目"按钮，

在弹出的"新建项目"对话框中，设置项目名称和存放的位置，单击"确定"按钮，如图 6.1.4 所示。

图6.1.3

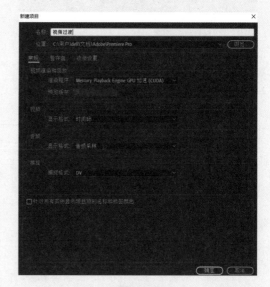

图6.1.4

02 执行"文件"→"新建"→"序列"命令，在弹出的"新建序列"对话框中，选择默认设置，

再单击"确定"按钮，如图 6.1.5 所示。

图6.1.5

03 进入 Premiere Pro 2022 操作界面，执行"文件"→"导入"命令，在弹出的"导入"对话框中，选择需要导入的素材文件，单击"打开"按钮。

04 在"项目"面板中选择已导入的素材，按住鼠标左键将其拖至"时间线"面板的 V1 轨道中，如图 6.1.6 所示。

图6.1.6

05 在"效果"面板中，展开"视频过渡"文件夹，选择"缩放"子文件夹下的"交叉缩放"转场，效果，按住鼠标左键，将该转场拖至两段素材之间，如图 6.1.7 所示。

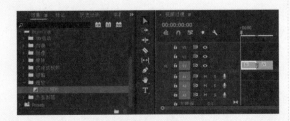

图6.1.7

06 按住空格键预览转场特效，如图 6.1.8～图

6.1.11 所示。

图6.1.8   图6.1.9

图6.1.10   图6.1.11

6.1.2 调整转场特效的参数

应用转场特效后，还可以对转场特效进行编辑，使其更符合影片的需要。调整视频转场特效的参数可以在"时间线"面板中找到，也可以在"效果控件"面板中找到。前提是必须在"时间线"面板中选中该转场特效，再对其进行编辑。

1. 调整转场特效的作用区域

在"效果控件"面板中可以调整转场特效的作用区域，在"对齐"下拉列表中提供了 4 种对齐方式，如图 6.1.12 所示，具体含义如下。

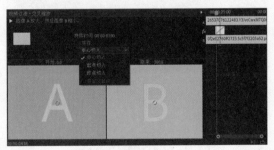

图6.1.12

中心切入：转场特效添加在相邻素材之间。

起点切入：转场特效添加在第二个素材的开始位置。

终点切入：转场特效添加在第一个素材的结束位置。

自定义起点：通过鼠标拖动转场特效来定义转场的起始位置。

2. 调整转场特效持续的时间

转场特效的持续时间是可以自定义的，具体的操作步骤如下。

01 打开项目文件，单击"时间线"面板中的"翻转"转场特效，打开"效果控件"面板，如图 6.1.13 所示。

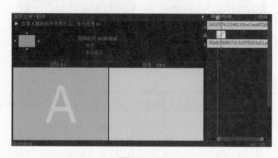

图6.1.13

02 单击"持续时间"后的时间码，进入编辑状态，输入 00:00:02:00，按 Enter 键结束编辑，如图6.1.14 所示。

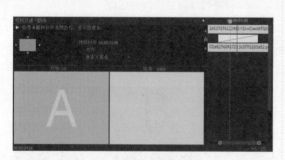

图6.1.14

03 按空格键预览调整转场特效持续时间后的效果，如图 6.1.15～图 6.1.17 所示。

图6.1.15

图6.1.16

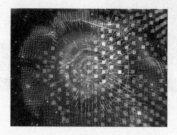

图6.1.17

3. 调整其他参数

"效果控件"面板可以调整转场特效的持续时间、对齐方式、开始和结束的位置、边框宽度、边框颜色、反向以及消除锯齿品质等参数。以"双侧平推门"特效为例，其参数如图 6.1.18 所示。

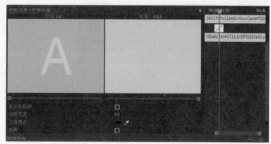

图6.1.18

6.2 3D 运动类转场特效

3D 运动类转场特效包括 10 个特效，主要使最终展现的图像以类似在三维空间中运动的形式出现并覆盖原图像。

6.2.1 立方体旋转

"立方体旋转"转场特效是将两个场景作为立方体的两个面，以旋转的方式实现前后场景的切换。"立方体旋转"转场特效可以选择从左至右、从上至下、从右至左或从下至上进行转场，如图6.2.1~图6.2.3所示。

图6.2.1   图6.2.2

图6.2.3

6.2.2 翻转

"翻转"转场特效是将两个场景当作一张纸的两面，通过翻转纸张的方式来实现两个场景的转换。单击"效果控制"面板中的"自定义"按钮可以设置不同的背景颜色，如图6.2.4~图6.2.6所示。

图6.2.4   图6.2.5

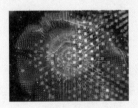

图6.2.6

6.3 划像类转场特效

6.3.1 交叉划像

"交叉划像"转场特效将第二个场景以十字形在画面中心出现，然后由小变大逐渐遮盖住第一个场景，如图6.3.1~图6.3.3所示。

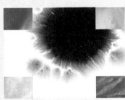

图6.3.1   图6.3.2   图6.3.3

6.3.2 圆划像

"圆划像"转场特效将第二个场景以圆形的形式在画面中心出现，然后由小变大逐渐遮盖住第一个场景，如图6.3.4~图6.3.6所示。

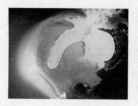
图6.3.4　　　　图6.3.5

图6.3.6

图6.3.10　　　　图6.3.11

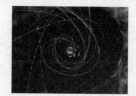
图6.3.12

6.3.3　盒形划像

"盒形划像"转场特效将第二个场景以矩形的形式在画面中心出现，然后由小变大逐渐遮盖住第一个场景。如有要求，也可以设置为伸缩效果，如图 6.3.7~ 图 6.3.9 所示。

图6.3.7　　　　图6.3.8

图6.3.9

6.3.4　菱形划像

"菱形划像"转场特效将第二个场景以菱形的形式在画面中心出现，然后由小变大逐渐遮盖住第一个场景，如图 6.3.10~ 图 6.3.12 所示。

6.3.5　实例："划像"转场

下面将使用"划像"转场特效制作转场效果，具体的操作步骤如下。

01　启动 Premiere Pro，单击"新建项目"按钮，在弹出的"新建项目"对话框中设置项目名称和项目存储位置，单击"确定"按钮关闭对话框，如图 6.3.13 所示。

图6.3.13

02　执行"文件"→"新建"→"序列"命令，在弹出的"新建序列"对话框中，选中 DV-PAL

预设，单击"确定"按钮，如图 6.3.14 所示。

图6.3.14

03　在"项目"面板中，右击并在弹出的快捷菜单中选择"导入"选项，在弹出的"导入"对话框中选择需要导入的素材，单击"打开"按钮，导入素材。

04　选择"城市"与"海浪"文件，将其拖至 V1 轨道的 00:00:00:00 处，如图 6.3.15 所示。

图6.3.15

05　打开"效果"面板，在"视频过渡"文件夹的"划像"子文件夹中，选择"交叉划像"转场特效，将其拖至"城市"与"海浪"素材之间，如图 6.3.16 所示。

图6.3.16

06　双击两段素材之间的"交叉划像"转场特效，

在弹出的"设置过渡持续时间"对话框中设置"持续时间"为 00:00:00:10，如图 6.3.17 所示。

图6.3.17

07　打开"效果控件"面板，单击"开始"后的数字，并修改为 25，如图 6.3.18 所示。

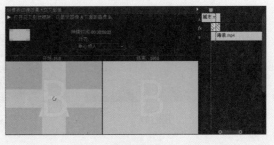

图6.3.18

08　按空格键预览添加转场后的视频效果，如图 6.3.19～图 6.3.21 所示。

图6.3.19

图6.3.20

图6.3.21

6.4 擦除类视频转场特效

擦除类视频转场特效是通过两个场景的相互擦除来实现场景转换的。擦除特效组共有 17 种视频转场特效。

6.4.1 划出

"划出"转场特效将第二个场景从屏幕一侧逐渐展开，从而遮盖住第二个场景，如图 6.4.1~图 6.4.3 所示。

图6.4.1　　　　　　图6.4.2　　　　　　图6.4.3

6.4.2 双侧平推门

"双侧平推门"转场特效将第一个场景像两扇门一样拉开，逐渐显示出第二个场景，如图 6.4.4~图 6.4.6 所示。

图6.4.4　　　　　　图6.4.5

图6.4.6

6.4.3 带状擦除

"带状擦除"转场特效将第二个场景在水平

方向以条状形式进入画面，逐渐覆盖第一个场景，如图 6.4.7~图 6.4.9 所示。

图6.4.7　　　　　　图6.4.8

图6.4.9

6.4.4 径向擦除

"径向擦除"转场特效将第二个场景从第一个场景的一角扫入画面，并逐渐覆盖第一个场景，如图 6.4.10~图 6.4.12 所示。

图6.4.10　　　　　　　图6.4.11

图6.4.16　　　　　　　图6.4.17

图6.4.12

图6.4.18

6.4.5　插入

"插入"转场特效将第二个场景以矩形的形式从第一个场景的一角斜插进画面，并逐渐覆盖第一个场景，如图6.4.13~ 图6.4.15所示。

6.4.7　棋盘

"棋盘"转场特效将第二个场景分成若干个小方块以棋盘的方式出现，并逐渐布满整个画面，从而遮盖住第一个场景，如图6.4.19~图6.4.21所示。

图6.4.13　　　　　　　图6.4.14

图6.4.19　　　　　　　图6.4.20

图6.4.15

图6.4.21

6.4.6　时钟式擦除

"时钟式擦除"转场特效将第二个场景以时钟指针旋转的方式逐渐覆盖第一个场景，如图6.4.16~ 图6.4.18所示。

6.4.8　棋盘擦除

"棋盘擦除"转场特效将第二个场景以方格形式逐渐将第一个场景擦除，如图6.4.22~图6.4.24所示。

图6.4.22

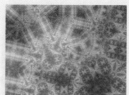

图6.4.23

图6.4.28

图6.4.29

图6.4.24

图6.4.30

6.4.9 楔形擦除

　　"楔形擦除"转场特效将第二个场景在屏幕中心以扇形展开的方式逐渐覆盖第一个场景,如图 6.4.25~ 图 6.4.27 所示。

6.4.11 油漆飞溅

　　"油漆飞溅"转场特效将第二个场景以墨点的形状飞溅到画面中并逐渐覆盖第一个场景,如图 6.4.31~ 图 6.4.33 所示。

图6.4.25

图6.4.26

图6.4.31

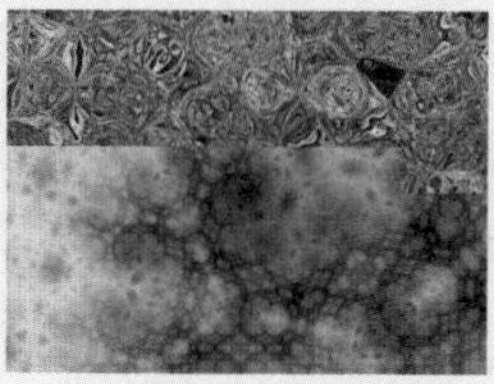

图6.4.32

图6.4.27

图6.4.33

6.4.10 水波块

　　"水波块"转场特效将第二个场景以块状从屏幕一角按 Z 字形方式逐行扫入画面,并逐渐覆盖第一个场景,如图 6.4.28~ 图 6.4.30 所示。

6.4.12 渐变擦除

　　"渐变擦除"转场特效用一张灰度图像制作渐变切换。在渐变切换中,第二个场景充满灰度图像的黑色区域,然后通过每一个灰度级开始显现,直到白色区域完全透明，如图 6.4.34~ 图 6.4.36 所示。

图6.4.34　　　　　　图6.4.35

图6.4.36

图 6.4.42 所示。

图6.4.40　　　　　　图6.4.41

图6.4.42

6.4.13　百叶窗

　　"百叶窗"转场特效将第二个场景以百叶窗的形式逐渐显现并覆盖第一个场景，如图 6.4.37~ 图 6.4.39 所示。

6.4.15　随机块

　　"随机块"转场特效将第二个场景以随机块状的形式出现在画面中，并逐渐覆盖第一个场景，如图 6.4.43~ 图 6.4.45 所示。

图6.4.43　　　　　　图6.4.44

图6.4.45

图6.4.37　　　　　　图6.4.38

图6.4.39

6.4.14　螺旋框

　　"螺旋框"转场特效将第二个场景以螺旋块状旋转显现并逐渐覆盖第一个场景，如图 6.4.40~

6.4.16　随机擦除

　　"随机擦除"转场特效将第二个场景以小方块的形式从第一个场景的一边随机扫走，最终覆盖第一个场景，如图 6.4.46~ 图 6.4.48 所示。

图6.4.46

图6.4.47

图6.4.48

6.4.17　风车

　　"风车"转场特效将第二个场景以风车转动的形式逐渐覆盖第一个场景，如图6.4.49~图6.4.51所示。

图6.4.49

图6.4.50

图6.4.51

6.4.18　实例：擦除类视频转场

　　下面将通过 Premiere Pro 2022 中的擦除类视频转场特效制作一段流畅、自然的视频转场效果，具体的操作步骤如下。

01　启动 Premiere Pro，单击"新建项目"按钮，

在弹出的"新建项目"对话框中设置项目名称和项目存储位置，单击"确定"按钮关闭对话框，如图 6.4.52 所示。

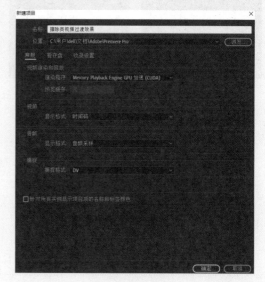
图6.4.52

02　执行"文件"→"新建"→"序列"命令，在弹出的"新建序列"对话框中单击"确定"按钮，如图 6.4.53 所示。

图6.4.53

03　在"项目"面板中，右击并在弹出的快捷菜单中选择"导入"选项，在弹出的"导入"对话框中选择需要导入的素材，单击"打开"按钮，导入素材。

04 选择"墨滴"与"水墨"素材，将其拖至 V1 轨中的 00:00:00:00 处，如图 6.4.54 所示。

图6.4.54

05 打开"效果"面板，在"视频过渡"文件夹的 "擦除"子文件夹中选中"划出"转场特效，将其拖至"墨滴"与"水墨"素材之间，如图 6.4.55 所示。

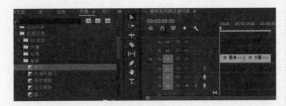

图6.4.55

06 双击两段素材之间的"划出"转场特效，在弹

出的"设置过渡持续时间"对话框中设置"持续时间"为 00:00:01:00，如图 6.4.56 所示。

图6.4.56

07 打开"效果控件"面板，单击"开始"后的数字，并修改为 13.0，如图 6.4.57 所示。

图6.4.57

08 按空格键预览添加转场后的视频效果，如图 6.4.58~ 图 6.4.60 所示。

图6.4.58

图6.4.59

图6.4.60

6.5 溶解类转场特效

溶解类视频转场特效组中共有 7 种视频转场特效。

6.5.1 Morphcut

Morphcut 转场特效是在第一个场景淡出的同时还会自动生成一些块状的透明图像，从而覆盖第一个场景，而后将第二个场景淡入，如图 6.5.1~ 图 6.5.3 所示。

图6.5.1

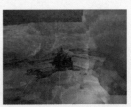

图6.5.2

图6.5.3

图6.5.9

6.5.2　交叉溶解

　　"交叉溶解"转场特效将在第一个场景淡出的同时，将第二个场景淡入，如图6.5.4~图6.5.6所示。

图6.5.4　　　　　图6.5.5

图6.5.6

6.5.4　白场过渡

　　"白场过渡"转场特效将第一个场景逐渐淡化到白色场景，然后从白色场景淡化到第二个场景，如图6.5.10~图6.5.12所示。

图6.5.10　　　　　图6.5.11

图6.5.12

6.5.3　叠加溶解

　　"叠加溶解"转场特效将第一个场景作为纹理贴图映像在第二个场景上，实现高亮度叠化的转换效果，如图6.5.7~图6.5.9所示。

图6.5.7　　　　　图6.5.8

6.5.5　胶片溶解

　　"胶片溶解"转场特效使第一个场景产生胶片朦胧的效果，并转换到第二个场景，如图6.5.13~图6.5.15所示。

图6.5.13　　　　　图6.5.14

图6.5.15

6.5.6 非叠加溶解

"非叠加溶解"转场特效将第二个场景的画面逐步以不规则形式出现，直至完全覆盖第一个场景，如图6.5.16~图6.5.18所示。

图6.5.16　　　　图6.5.17

图6.5.18

6.5.7 黑场过渡

"黑场过渡"转场特效将第一个场景逐渐淡化到黑色场景，然后从黑色场景淡化到第二个场景，如图6.5.19~图6.5.21所示。

图6.5.19　　　　图6.5.20

图6.5.21

6.5.8 实例：MorphCut 转场

下面将通过 Premiere Pro 2022 的溶解类转场特效来制作一段流畅自然的视频转场，具体的操作步骤如下。

01　启动 Premiere Pro，单击"新建项目"按钮，在弹出的"新建项目"对话框中设置项目名称和项目存储位置，单击"确定"按钮关闭对话框，如图6.5.22所示。

图6.5.22

02　执行"文件"→"新建"→"序列"命令，在弹出的"新建序列"对话框中单击"确定"按钮，如图6.5.23所示。

03　在"项目"面板中，右击并在弹出的快捷菜单中选择"导入"选项，在弹出的"导入"对话框中选择需要导入的素材，单击"打开"按钮，导入素材。

图6.5.23

04 选择"贝壳"与"星星"素材,将其拖至V1轨中的00:00:00:00处,如图6.5.24所示。

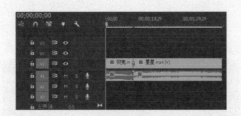

图6.5.24

05 打开"效果"面板,在"视频过渡"文件夹的"溶解"子文件夹中,选择MorphCut转场特效,将其拖至"贝壳"与"星星"素材之间,如图6.5.25所示。

图6.5.25

06 双击两段素材之间的MorphCut转场特效,在弹出的"设置过渡持续时间"对话框中设置持续时间为00:00:01:00,如图6.5.26所示。

图6.5.26

07 按空格键预览添加转场后的视频效果,如图6.5.27~图6.5.29所示。

图6.5.27

图6.5.28

图6.5.29

6.6 内滑类视频转场特效

内滑类视频转场特效组中共有6种视频转场特效。

6.6.1 中心切入

"中心切入"转场特效将第一个场景分成4块,逐渐从画面的4个角滑出,从而显示出第二个场景,如图 6.6.1~ 图 6.6.3 所示。

 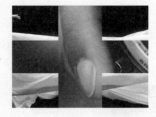 

图6.6.1　　　　　　　图6.6.2　　　　　　　图6.6.3

6.6.2　内滑

"内滑"转场特效将第二个场景从左至右移动并逐渐覆盖第一个场景，如图 6.6.4~ 图 6.6.6 所示。

图6.6.4　　　　　　　图6.6.5　　　　　　　图6.6.6

6.6.3　带状内滑

"带状内滑"转场特效将第二个场景以条状形式从两侧滑入画面，直至覆盖第一个场景，如图 6.6.7~ 图 6.6.9 所示。

图6.6.7　　　　　　图6.6.8

图6.6.9

6.6.4　急摇

"急摇"转场特效快速变换画面色彩以进入下一个画面，如图 6.6.10~ 图 6.6.12 所示。

图6.6.10　　　　　　图6.6.11

图6.6.12

6.6.5　拆分

"拆分"转场特效将第一个场景分成两块并从两侧滑出，从而显示第二个场景，如图6.6.13~图6.6.15所示。

图6.6.13

图6.6.14

图6.6.15

6.6.6　推

"推"转场特效将第二个场景从画面的一侧将第一个场景推出画面，如图6.6.16~图6.6.18所示。

图6.6.16

图6.6.17

图6.6.18

6.6.7　实例："中心切入"转场特效

下面将通过 Premiere Pro 2022 的"中心切入"转场特效来制作一段流畅自然的视频，具体的操作步骤如下。

01　启动 Premiere Pro，单击"新建项目"按钮，在弹出的"新建项目"对话框中设置项目名称和项目存储位置，单击"确定"按钮关闭对话框，如图 6.6.19 所示。

图6.6.19

02　执行"文件"→"新建"→"序列"命令，在弹出的"新建序列"对话框中单击"确定"按钮，如图 6.6.20 所示。

图6.6.20

03 在"项目"面板中，右击并在弹出的快捷菜单中选择"导入"选项，在弹出的"导入"对话框中选择需要导入的素材，单击"打开"按钮，导入素材。

图6.6.22

04 选中"城市"与"海浪"素材，将其拖至V1轨中的00:00:00:00处，如图6.6.21所示。

图6.6.23

图6.6.21

05 打开"效果"面板，在"视频过渡"文件夹的"内滑"文件夹中，选中"中心切入"转场特效，将其拖至"城市"与"海浪"素材之间，如图6.6.22所示。

07 打开"效果控件"面板，单击"开始"后的数字，并修改为15.0，如图6.6.24所示。

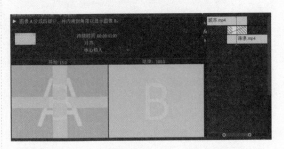

06 双击两段素材之间的"中心切入"转场特效，在弹出的"设置过渡持续时间"对话框中设置持续时间为00:00:00:10，如图6.6.23所示。

图6.6.24

08 按空格键预览添加转场后的视频效果，如图6.6.25~图6.6.27所示。

图6.6.25

图6.6.26

图6.6.27

6.7 缩放类视频转场特效

缩放特效组中的转场都是以场景的缩放来实现场景之间转换的，其中包含4种视频转场特效。

6.7.1 交叉缩放

"交叉缩放"转场特效先将第一个场景放到最大，然后切换到第二个场景的最大化，最后将第二个场景缩放到适合的大小，如图6.7.1~图6.7.3所示。

图6.7.1

图6.7.2

图6.7.3

6.7.2　实例："交叉缩放"转场特效

下面将通过"交叉缩放"转场特效制作一段流畅自然的视频效果，具体的操作步骤如下。

01　启动 Premiere Pro，单击"新建项目"按钮，在弹出的"新建项目"对话框中设置项目名称和项目存储位置，单击"确定"按钮关闭对话框，如图 6.7.4 所示。

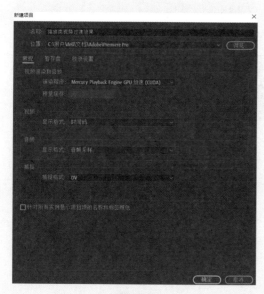

图6.7.4

02　执行"文件"→"新建"→"序列"命令，在

弹出的"新建序列"对话框中单击"确定"按钮，如图 6.7.5 所示。

图6.7.5

03　在"项目"面板中，右击并在弹出的快捷菜单中选择"导入"选项，在弹出的"导入"对话框中选择需要导入的素材，单击"打开"按钮，导入素材。

04　选中"碎片"与"流体"素材，将其拖至 V1 轨中的 00:00:00:00 处，如图 6.7.6 所示。

图6.7.6

05　打开"效果"面板，在"视频过渡"文件夹的"缩放"子文件夹中，选择"交叉缩放"转场特效，将其拖至"碎片"与"流体"素材之间，如图 6.7.7 所示。

图6.7.7

06　双击两段素材之间的"交叉缩放"转场特效，在弹出的"设置过渡持续时间"对话框中设置"持续时间"为00:00:02:00，如图6.7.8所示。

图6.7.8

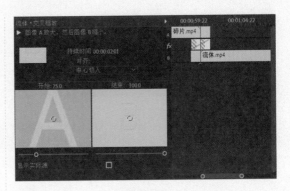
图6.7.9

07　打开"效果控件"面板，单击"开始"后的数字并修改为25.0，如图6.7.9所示。

08　按空格键预览添加转场后的视频效果，如图6.7.10~图6.7.12所示。

图6.7.10

图6.7.11

图6.7.12

6.8　页面剥落类转场特效

页面剥落类转场特效主要是使图像以各种卷页的形式消失，最后显示相应的图像。

6.8.1　翻页

"翻页"转场特效将第一个场景从一个角卷起，卷起后的背面会显示第一个场景，从而露出第二个场景，如图6.8.1~图6.8.3所示。

图6.8.1

图6.8.2

6.8.2　页面剥落

"页面剥落"转场特效将第一个场景像翻页一样从一角卷起，显示出第二个场景，如图6.8.4~图6.8.6所示。

图6.8.3

图6.8.4

图6.8.5

图6.8.6

6.8.3 实例："翻页"转场特效

下面将通过"翻页"转场特效来制作一段流畅自然的视频，具体的操作步骤如下。

01 启动 Premiere Pro 软件，单击"新建项目"按钮，在弹出的"新建项目"对话框中设置项目名称和项目存储位置，单击"确定"按钮关闭对话框，如图 6.8.7 所示。

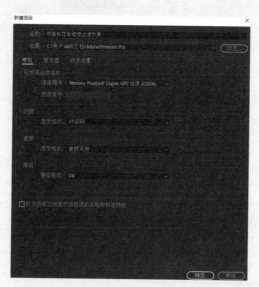

图6.8.7

02 执行"文件"→"新建"→"序列"命令，在弹出的"新建序列"对话框中单击"确定"按钮，如图 6.8.8 所示。

03 在"项目"面板中，右击并在弹出的快捷菜单中选择"导入"选项，在弹出的"导入"对话框中选择需要导入的素材，单击"打开"按钮，导入素材。

04 选中"城市"与"海浪"素材，将其拖至 V1

轨中的 00:00:00:00 处，如图 6.8.9 所示。

图6.8.8

图6.8.9

05 打开"效果"面板，在"视频过渡"文件夹的"页面剥落"子文件夹中，选中"翻页"转场特效，将其拖至"城市"与"海浪"素材之间，如图 6.8.10 所示。

图6.8.10

06 双击两段素材之间的"翻页"转场特效，在弹出的"设置过渡持续时间"对话框中设置持续时间为 00:00:01:00，如图 6.8.11 所示。

图6.8.11

07　打开"效果控件"面板，单击"开始"后的数
字并修改为 25.0，如图 6.8.12 所示。

图6.8.12

08　按空格键预览添加转场后的视频效果，如图 6.8.13~ 图 6.8.15 所示。

图6.8.13

图6.8.14

图6.8.15

6.9　沉浸式视频类转场特效

"沉浸式视频类"转场特效可以将两个素材以沉浸的方式进行画面过渡，其中
包括"VR 光圈擦除""VR 光线""VR 渐变擦除""VR 漏光""VR 球形模糊""VR
色度泄露""VR 随机块""VR 默比乌斯缩放"8 种效果，如图 6.9.1 所示。需
要注意的是，这些转场特效需要 GPU 加速，并可以使用 VR 头戴显示设备体验。

图6.9.1

6.9.1　VR 光圈擦除

"VR 光圈擦除"转场特效模拟了相机拍摄时的光圈擦除效果，由第一个场景逐步过渡到第二个场景，
如图 6.9.2~ 图 6.9.4 所示。

图6.9.2

图6.9.3

图6.9.4

6.9.2　VR 光线

"VR 光线"转场特效由一个模糊的光线将第
一个场景逐步过渡到第二个场景，如图 6.9.5~ 图
6.9.7 所示。

图6.9.5

图6.9.6

图6.9.7

6.9.3 VR 渐变擦除

"VR 渐变擦除"转场特效将第一个场景通过不规则的扭曲擦除逐步过渡到第二个场景，如图6.9.8~ 图 6.9.10 所示。

图6.9.8   图6.9.9

图6.9.10

6.9.4 VR 漏光

"VR 漏光"转场特效通过光感的调整由第一个场景逐步过渡到第二个场景，如图 6.9.11~ 图 6.9.13 所示。

图6.9.11   图6.9.12

图6.9.13

6.9.5 VR 球形模糊

"VR 球形模糊"转场特效通过模拟球状模糊，由第一个场景逐步过渡到第二个场景，如图6.9.14~ 图 6.9.16 所示。

图6.9.14   图6.9.15

图6.9.16

6.9.6 VR 色度泄露

"VR 色度泄露"转场特效通过颜色色度的调整，由第一个场景逐步过渡到第二个场景，如图6.9.17~ 图 6.9.19 所示。

图6.9.17   图6.9.18

图6.9.19

6.9.7 VR 随机块

"VR 随机块"转场特效通过一系列小方块的移动，将第一个场景逐步过渡到第二个场景，如图 6.9.20~ 图 6.9.22 所示。

图6.9.20

图6.9.21

图6.9.22

6.9.8　VR 默比乌斯缩放

"VR 默比乌斯缩放"转场特效将画面拉伸为默比乌斯环，由此将第一个场景逐步过渡到第二个场景，如图 6.9.23~ 图 6.9.25 所示。

图6.9.23

图6.9.24

图6.9.25

6.9.9　实例："VR 光圈擦除"特效

下面将以全景视频举例，通过"VR 光圈擦除"转场特效，制作一段过渡自然的 VR 视频转场效果，具体的操作步骤如下。

01　启动 Premiere Pro 软件，单击"新建项目"按钮，在弹出的"新建项目"对话框中设置项目名称和项目存储位置，单击"确定"按钮关闭对话框，如图 6.9.26 所示。

图6.9.26

02　在"项目"面板中，右击并在弹出的快捷菜单中选择"导入"选项，在弹出的"导入"对话框中选择需要导入的素材，单击"打开"按钮，导入素材。

03　选中 VR360 素材，将其拖至 V1 轨中的00:00:00:00 处，如图 6.9.27 所示。

图6.9.27

04　在"时间线"面板的 00:00:04:01 的位置与00:00:23:05 位置使用"剃刀工具"将视频分为3 段，并删除中间一段素材，如图 6.9.28 所示。

图6.9.28

05　在"时间线"面板中两段素材之间单击，并按

159

Delete 键，如图 6.9.29 所示。

图6.9.29

06 打开"效果"面板，在"视频过渡"文件夹的"沉浸式视频"文件夹中，选择"VR 光圈擦除"转场特效，将其拖至两段素材之间，如图 6.9.30 所示。

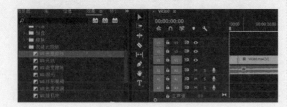

图6.9.30

07 双击两段素材之间的"交叉划像"转场特效，在弹出的"设置过渡持续时间"对话框中设置持续时间为 00:00:00:25，如图 6.9.31 所示。

图6.9.31

08 按空格键预览添加转场后的视频效果，如图 6.9.32~ 图 6.9.34 所示。

图6.9.32

图6.9.33

图6.9.34

第7章
调色的应用

7.1 调色前的准备工作

对于剪辑师来说，调色是后期处理的"重头戏"，因为一段视频的颜色能够最大限度地影响观者的心理感受。色彩能够美化影片，同时色彩也具有强大的"欺骗性"。同样是一段旅行的视频，以不同的颜色进行展示，迎接它的或是轻松愉快的郊游，或是充满悬疑与未知的探险，如图7.1.1和图7.1.2所示。

图7.1.1   图7.1.2

调色技术不仅在影视后期制作中占有重要的地位，在图像处理中也是不可忽视的重要组成部分。剪辑视频时经常需要使用各种各样的图片元素，而图片元素的色调与影片是否匹配也会影响作品的成败。调色不仅要使素材变"漂亮"，更重要的是通过色彩的调整使素材融入影片，如图7.1.3和图7.1.4所示。

图7.1.3   图7.1.4

色彩的力量无比强大，想要拥有这个神奇的力量 Premiere Pro 必不可少。Premiere Pro 的调色功能非常强大 ，不仅可以对错误的颜色（即色彩不正确，例如曝光过度、亮度不足、画面偏灰等）进行校正，还能通过使用调色功能增强画面的效果，丰富画面的情感，打造风格化的视频效果。

值得一提的是，调色命令虽然很多，但并不是每一种都很常用，或者说，并不是每一种都适合自己使用。其实在实际调色过程中，想要实现某种颜色效果，往往是既可以使用这个命令，又可以使用那个命令。此时千万不要纠结于因为书中或者教程中使用的某个特定命令，而必须去使用它。我们只需要选择自己习惯使用的命令即可，如图7.1.5和图7.1.6所示。

图7.1.5   图7.1.6

7.1.1 调色关键词

在进行调色的过程中，我们经常会听到一些关键词，例如，"色调""色阶""曝光度""对比度""明度""纯度""饱和度""色相""颜色模式""直方图"等。这些词语都与"色彩"的基本属性相关，下面就来简单了解一下。

在视觉的世界里，色彩被分为两类：无彩色和有彩色。无彩色为黑、白、灰；有彩色则是除黑、白、灰外的其他颜色，如图 7.1.7 所示。

图7.1.7

每种有彩色都有三大属性——色相、明度、纯度（饱和度），而无彩色只具有明度这一个属性，如图 7.1.8 所示。

色相:红	色相:绿
明度较低	明度较高
纯度较高	纯度较低

图7.1.8

1. 色相

"色相"是我们经常提到的一个词语，指的是画面整体的颜色倾向，又称为"色调"，如图 7.1.9 所示为青绿色调的图像，如图 7.1.10 所示为紫色调的图像。

图7.1.9　　　　　图7.1.10

2. 明度

"明度"是指色彩的明亮程度。色彩的明暗程度有两种情况，同一颜色的明度变化和不同颜色的明度变化。

同一色相的明度变化如图 7.1.11 所示，从左至右明度由高到低。

不同的色彩也都存在明暗变化，其中黄色的明度最高，紫色的明度最低，红、绿、蓝、橙色的明度相近，为中间明度，如图 7.1.12 所示。

图7.1.11　　　　　图7.1.12

3. 纯度

"纯度"是指色彩中所含有色成分的比例，比例越大，纯度越高，同时也称为色彩的"彩度"。如图 7.1.13 和图 7.1.14 所示为高纯度和低纯度的对比效果。

所谓的"调色"是指通过对图像的明暗（亮度）、对比度、曝光度、饱和度、色相、色调等方面进行调整，从而实现图像整体颜色的改变。

图7.1.13　　　　　图7.1.14

7.1.2　调色的目的

1. 校正画面整体的颜色错误

处理一段视频时，通过对图像整体的查看，最先考虑到的就是整体的颜色有没有错误。例如偏色（画面过于偏向暖色调 / 冷色调，偏紫色，偏绿色等）、画面太亮（曝光过度）、太暗（曝光不足）、偏灰（对比度低，整体看起来灰蒙蒙的）、明暗反差过大等。如果出现这些问题，首先要对以上问题进行处理，使画面变为曝光正确、色彩正常的图像，如图 7.1.15~ 图 7.1.18 所示。

图7.1.15　　　　　图7.1.16

图7.1.17　　　　　图7.1.18

如果在对新闻视频进行处理时，可能无须对画面进行美化，需要最大限度地保留画面的真实度。

2. 细节美化

通过第一步对整体的调整，我们已经得到了一段"正常"的影片。虽然这些画面是基本"正确"的，但是仍然可能存在一些不尽如人意的地方，例如，想要重点突出的部分比较暗，如图 7.1.19 和图 7.1.20 所示。

图7.1.19　　　　　图7.1.20

3. 帮助元素融入画面

在剪辑影片时，经常需要在原有的画面中添加一些其他元素，例如在画面中添加主体人像、为人物添加装饰物、为海报中的产品添加一些陪衬元素、为整个画面更换一个背景等。当添加的元素出现在画面中时，可能会感觉合成得很"假"，或颜色看起来很奇怪。此时就需要利用调色功能，帮加入的素材进一步融入影片。

4. 强化气氛，辅助表现主题

通过前面几个步骤，画面整体、细节及新增元素的颜色都被处理"正确"了。但是单纯"正确"的颜色是不够的，很多时候我们想要使自己的作品脱颖而出，需要的是超越其他作品的视觉感受。所以，我们需要对图像的颜色做进一步的调整，而这里的调整考虑的是与影片主题相契合。如图7.1.21和图7.1.22所示为表现不同主题的不同色调视频截图。

图7.1.21　　　　　图7.1.22

7.1.3　实例：视频调色流程

本节以实例的形式，讲解在 Premiere Pro 中进行视频调色的基本流程。

01　执行"文件"→"新建"→"项目"命令，在弹出的"新建项目"对话框中，修改项目名称，并单击"浏览"按钮，设置保存路径，最后单击"确定"按钮新建项目。

02　在"项目"面板的空白处右击，在弹出的快捷

菜单中选择"新建项目"→"序列"选项，在弹出的"新建序列"对话框中，选择"标准48kHz"选项，如图 7.1.23 所示。

图7.1.23

03　在"项目"面板的空白处双击，导入"调色01.mp4"文件，最后单击"打开"按钮导入，如图 7.1.24 所示。

图7.1.24

04　将"项目"面板中的"调色01.mp4"素材拖至"时间线"面板中的V1轨道上，如图7.1.25所示。

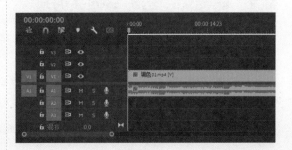

图7.1.25

05 可以看出该图片颜色偏暗。首先打开"效果"面板，在"效果"面板中搜索rgb，然后按住鼠标左键将"过时"文件夹中的"RGB曲线"效果拖至V1轨道的"调色01.mp4"素材上，如图7.1.26所示。

图7.1.26

06 选择V1轨道上的"调色01.mp4"素材，然后在"效果控件"面板中打开"RGB曲线"，在"主要"曲线上单击添加一个控制点并向左上拖动，此时画面变亮，如图7.1.27和图7.1.28所示。

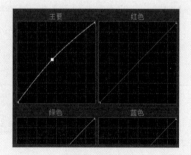

图7.1.27

图7.1.28

7.2 图像控制类视频调色效果

Premiere Pro中的"图像控制"类视频效果可以平衡画面中强弱、浓淡、轻重的色彩关系，使画面更符合观者的视觉习惯。其中包括"灰度系数校正""颜色平衡（RGB）""颜色替换""颜色过滤""黑白"5种效果，如图7.2.1所示。

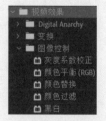

图7.2.1

"颜色平衡（RGB）"效果的参数面板，如图 7.2.7 所示，主要选项的使用方法如下。

7.2.1 灰度系数校正

"灰度系数校正"效果可以对素材的明暗程度进行调整，如图 7.2.2 所示。

图7.2.2

"灰度系数校正"效果的参数面板，如图 7.2.3 所示，主要选项的使用方法如下。

图7.2.3

灰度系数：设置素材的灰度效果，数值越小画面越亮，数值越大画面越暗。如图 7.2.4 和图 7.2.5 所示为不同"灰度系数"数值的对比效果。

图7.2.4　　　　　　图7.2.5

7.2.2 颜色平衡（RGB）

"颜色平衡（RGB）"效果可以根据需要调整画面中三原色的数值，如图 7.2.6 所示。

图7.2.6

"颜色平衡（RGB）"效果的参数面板，如图 7.2.7 所示，主要选项的使用方法如下。

图7.2.7

红色：针对素材中的红色进行调整，如图 7.2.8 和图 7.2.9 所示为不同"红色"数值的对比效果。

图7.2.8　　　　　　图7.2.9

绿色：针对素材中的绿色进行调整，如图 7.2.10 和图 7.2.11 所示为不同"绿色"数值的对比效果。

图7.2.10　　　　　　图7.2.11

蓝色：针对素材中的蓝色进行调整，如图 7.2.12 和图 7.2.13 所示为不同"蓝色"数值的对比效果。

图7.2.12　　　　　　图7.2.13

7.2.3 颜色替换

"颜色替换"效果可以将选中的目标颜色替换为"替换颜色"中的颜色，如图 7.2.14 所示。

图7.2.14

"颜色替换"效果的参数面板，如图7.2.15所示，主要选项的作用如下。

图7.2.15

相似性：设置目标颜色的容差度。

目标颜色：选择画面的取样颜色。

替换颜色：设置替换后的颜色。

将"相似性"值设置为8，"目标颜色"为蓝色，"替换颜色"为黄色的前后对比效果，如图7.2.16和图7.2.17所示。

图7.2.16   图7.2.17

7.2.4   实例：使用颜色替换效果制作视频特效

本例主要使用"颜色替换"效果替换视频中的部分颜色，然后使用"亮度与对比度"效果提升画面高度，调整前后的对比效果如图7.2.18和图7.2.19所示。

图7.2.18   图7.2.19

具体的操作步骤如下。

01 执行"文件"→"新建"→"项目"命令，弹出"新建项目"对话框，设置项目名称，并单击"浏览"按钮，设置保存路径，单击"确定"按钮新建项目。

02 在"项目"面板的空白处双击，选择要导入的素材文件，最后单击"打开"按钮导入。

03 选择"项目"面板中的素材，按住鼠标左键将其拖至V1轨道上，此时在"项目"面板中自动生成序列，如图7.2.20所示。

图7.2.20

04 将画面中的绿色替换为深黄色。在"效果"面板中搜索"颜色替换"，然后按住鼠标左键将该效果拖至V1轨道的素材上。

05 选择V1轨道上的素材，在"效果控制"面板中展开"颜色替换"效果，设置"相似性"值为40，"目标颜色"为草绿色，"替换颜色"为黄色，此时画面效果如图7.2.21和图7.2.22所示。

图7.2.21

图7.2.22

06 可以看出此时画面偏暗，接下来将画面提亮。在"效果"面板中搜索"亮度与对比度"，然后按住鼠标左键将其拖至V1轨道的素材上，如图7.2.23所示。

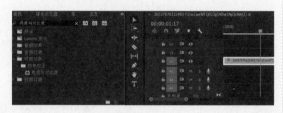

图7.2.23

07 展开"亮度与对比度"效果，设置"亮度"值为13.0，"对比度"值为11.0，画面的最终效果如图7.2.24和图7.2.25所示。

图7.2.24

图7.2.25

7.2.5 颜色过滤

"颜色过滤"效果可以将画面中的各种颜色通过"相似性"参数调整为灰度效果，如图7.2.26

所示。

"颜色过滤"效果的参数面板，如图7.2.27所示，主要选项的使用方法如下。

图7.2.26 　　　　图7.2.27

相似性：设置画面的灰度值。如图7.2.28和图7.2.29所示为不同"相似性"值的对比效果。

图7.2.28 　　　　图7.2.29

颜色：选择哪种颜色，哪种颜色将会被保留。

7.2.6 黑白

"黑白"效果可以将彩色素材转换为黑白效果，如图7.2.30所示。

"黑白"效果的参数面板，如图7.2.31所示。该效果没有参数，下图为添加该效果的前后对比效果，如图7.2.32和图7.2.33所示。

图7.2.30 　　　　图7.2.31

图7.2.32 　　　　图7.2.33

7.3 过时类视频效果

"过时"类视频效果包括"RGB 曲线""RGB 颜色校正器""三向颜色校正器""亮度曲线""亮度校正器""快速模糊""快速颜色校正器""自动对比度""自动色阶""自动颜色""视频限幅器（旧版）""阴影 / 高光"12 种视频效果，如图 7.3.1 所示。

图7.3.1

7.3.1 RGB 曲线

"RGB 曲线"是最常用的调色效果之一，可分别针对每个颜色通道调节颜色，从而调节出更丰富的颜色效果，如图 7.3.2 所示。

图7.3.2

"RGB 曲线"效果的参数面板，如图 7.3.3 所示，主要选项的使用方法如下。

输出：其中包括"合成"和"输出"两种输出类型。

布局：其中包括"水平"和"垂直"两种布局类型。

拆分视图百分比：调整素材的画面大小。

辅助颜色校正：可以通过色相、饱和度和明亮度，定义颜色并针对画面中的颜色进行校正。

图7.3.3

7.3.2 RGB 颜色校正器

"RGB 颜色校正器"是一种功能比较强大的调色效果，如图 7.3.4 所示。"RGB 颜色校正器"效果的参数面板，如图 7.3.5 所示，主要选项的使用方法如下。

图7.3.4

图7.3.5

输出：可以通过选择"复合""亮度""色调范围"选项，调整素材的输出方式。

布局：以"水平"或"垂直"的方式确定视图的布局。

拆分视图百分比：调整校正视图的百分比。

色调范围：可以通过选择"高光""中间调""阴影"选项来控制画面明暗的调整范围。

灰度系数：调整画面中的灰度值，如图 7.3.6 和图 7.3.7 所示为不同灰度系数的对比效果。

图7.3.6　　　　　　　　　图7.3.7

基值：控制从 Alpha 通道中以颗粒状滤出的杂色。

增益：调节轨道混合器中的增减效果。

RGB：对红、绿、蓝通道中的灰度系数、基值、增益值进行设置。

辅助颜色校正：可以对选中的颜色进行进一步校正。

7.3.3　三向颜色校正器

"三向颜色校正器"效果可以对素材的阴影、高光和中间调进行调整，如图 7.3.8 所示。"三向颜色校正器"的参数面板，如图 7.3.9 所示，主要选项的使用方法如下。

图7.3.8　　　　　　　　图7.3.9

输出：设置素材的色调范围，包括"视频"输出和"亮度"输出两种类型。

拆分视图：设置视图的校正情况。

色调范围定义：拖动滑块，调节阴影、高光和中间调的色调范围阈值。

饱和度：调整素材的饱和度，如图 7.3.10 和图 7.3.11 所示为调整"饱和度"的对比效果。

图7.3.10　　　　　　　图7.3.11

辅助颜色校正：对颜色进行进一步调整。

自动色阶：调整素材的阴影和高光。

阴影：针对画面中的阴影进行调整，包括"阴影色相角度""阴影平衡数量级""阴影平衡增益""阴影平衡角度"等。

中间调：调整素材的中间调，包括"中间调色相角度""中间调平衡数量级""中间调平衡增益角度"等。

高光：调整素材的高光部分，包括"高光色相角度""高光平衡数量级""高光平衡增益""光光平衡角度"等。

主要：调整画面中的整体色调偏向，包括"主色相角度""主平衡数量级""主平衡增益""主平衡角度"等，如图 7.3.12 和图 7.3.13 所示为设置不同参数的对比效果。

图7.3.12　　　　　　　图7.3.13

主色阶：调整画面中的黑白灰色阶，包括"主输入黑色阶""主输入灰色阶""主输入白色阶""主输出黑色阶""主输出白色阶"等。

7.3.4　高度曲线

"亮度曲线"效果使用曲线来调整素材的亮度，如图 7.3.14 所示。"亮度曲线"的参数面板，如图 7.3.15 所示，主要选项的使用方法如下。

图7.3.14

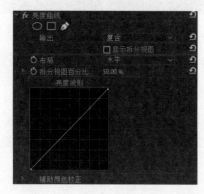

图7.3.15

输出：按照不同方式查看素材的最终效果，包括"复合"和"亮度"。

显示拆分视图：选中该复选框，可以显示素材调整前后的对比效果。

布局：选择不同的布局方式，包括"水平"和"垂直"两种。

拆分视图百分比：调整视图的大小。

如图 7.3.16 和图 7.3.17 所示为设置不同"亮度波形"数值的对比效果。

图7.3.16　　　图7.3.17

7.3.5　亮度校正器

"亮度校正器"效果可以调整画面的亮度、对比度和灰度值，如图 7.3.18 所示。"亮度校正器"的参数面板，如图 7.3.19 所示，主要选项的使用

方法如下。

图7.3.18

图7.3.19

输出：调整输出类型，包括"复合""亮度""色调范围"3 种。

布局：选择不同的布局方式，包括"垂直"和"水平"两种。

拆分视图百分比：调整画面中视图的大小。

色调范围定义：进行色彩范围的设置，包括"阴影""中间调""高光"3 种类型。

亮度：控制画面的明暗程度和不透明度，如图 7.3.20 和图 7.3.21 所示为设置不同"亮度"值的对比效果。

图7.3.20　　　图7.3.21

对比度：调整 Alpha 通道中的明暗对比度，如图 7.3.22 和图 7.3.23 所示为设置不同"对比度"值的对比效果。

对比度级别：设置素材的原始对比值，与"对比度"效果相似。

灰度系数：调节图像中的灰度值。

基值：画面会根据参数的调节变暗或变亮。

增益：通过调整素材的亮度，从而调整画面的整体效果。在画面中，较亮的像素受到的影响会大于较暗的像素。

辅助颜色校正：手动调整色盘，直观地对画面进行调色。

图7.3.22　　　　　图7.3.23

7.3.6　快速颜色校正器

"快速颜色校正器"效果可以使用色相、饱和度来调整素材的颜色，如图 7.3.24 所示。"快速颜色校正器"的参数面板，如图 7.3.25 所示，主要选项的使用方法如下。

图7.3.24　　　　　图7.3.25

输出：调整输出类型，包括"合成"和"亮度"两种输出方式。

布局：选择不同的布局方式，包括"垂直"和"水平"两种布局方式。

拆分视图百分比：调整校正视图的大小，默认值为 50.00%。

色相平衡和角度：手动调整色盘，可以直观地针对画面进行调色。

色相角度：控制高光、中间调或阴影区域的色相，如图 7.3.26 和图 7.3.27 所示为设置不同"色相角度"值的对比效果。

图7.3.26　　　　　图7.3.27

饱和度：用来调整素材的饱和度。

黑色阶／灰色阶／白色阶：用来调整高光、中间调或阴影的数量。如图 7.3.28 和图 7.3.29 所示为设置不同"白色阶"值的对比效果。

图7.3.28　　　　　图7.3.29

7.3.7　自动对比度

"自动对比度"效果可以自动调整素材的对比度，如图 7.3.30 所示。"自动对比度"的参数面板，如图 7.3.31 所示，主要选项的使用方法如下。

图7.3.30　　　　　图7.3.31

瞬间平滑（秒）：控制素材的平滑程度。

场景检测：根据"瞬间平滑"参数自动进行对比度检测处理。

减少黑色像素：控制暗部像素在画面中所占的比例。如图7.3.32和图7.3.33所示为设置不同"减少黑色像素"值的对比效果。

图7.3.32　　　　　　图7.3.33

减少白色像素：控制亮部像素在画面中所占比例。如图7.3.34和图7.3.35所示为设置不同"减少白色像素"值的对比效果。

图7.3.34　　　　　　图7.3.35

与原始图像混合：控制素材的混合程度。

7.3.8　自动色阶

"自动色阶"效果对素材进行色阶调整，如图7.3.36所示。"自动色阶"的参数面板，如图7.3.37所示，主要选项的使用方法如下。

图7.3.36　　　　　　图7.3.37

瞬间平滑（秒）：控制素材的平滑程度。

场景检测：根据"瞬间平滑"参数自动进行色阶检测处理。

减少黑色像素：控制暗部像素在画面中所占比例。如图7.3.38和图7.3.39所示为设置不同"减少黑色像素"值的对比效果。

图7.3.38　　　　　　图7.3.39

减少白色像素：控制亮部像素在画面中所占比例。如图7.3.40和图7.3.41所示为设置不同"减少白色像素"值的对比效果。

图7.3.40　　　　　　图7.3.41

7.3.9　自动颜色

"自动颜色"效果可以对素材的颜色进行自动调整，效果如图7.3.42和图7.3.43所示。"自动对比度"的参数面板，如图7.3.44所示，主要选项的使用方法如下。

图7.3.42

图7.3.43

图7.3.44

瞬间平滑（秒）：控制素材的平滑程度。

场景检测：根据"瞬间平滑"值自动进行颜色检测处理。

减少黑色像素：控制暗部像素在画面中所占比例。

减少白色像素：控制亮部像素在画面中所占比例。

7.3.10　视频限幅器

"视频限幅器"效果可以为图像的色彩限定范围，如图 7.3.45 和图 7.3.46 所示。

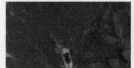

图7.3.45　　　　　　图7.3.46

"自动颜色"的参数面板，如图 7.3.47 所示。

图7.3.47

7.3.11　阴影 / 高光

"阴影 / 高光"效果可以处理图像的逆光效果，如图 7.3.48 和图 7.3.49 所示。"阴影 / 高光"

的参数面板，如图 7.3.50 所示，主要选项的使用方法如下。

图7.3.48

图7.3.49

图7.3.50

自动数量：选中该复选框后，会自动调整素材的阴影和高光部分，此时该效果中的其他参数不可用。

阴影数量：控制素材中阴影的数量。

高光数量：控制素材中高光的数量。

瞬时平滑（秒）：在调节时设置素材时间滤波的秒数。

场景检测：只有选中"瞬时平滑（秒）"复选框，该参数才可以进行场景检测。

更多选项：展开该选项，可以对素材的"阴影""高光""中间调"等进行调整。

7.4　颜色校正效果

"颜色校正"类视频效果可以对素材的颜色进行细致校正，其中包括"ASC CDL""Lumetri 颜色""亮度与对比度""保留颜色""均衡""更改为颜色""更改颜色""色彩""视频限制器""通道混合器""颜色平衡""颜色平衡（HLS）"12 种效果，如图 7.4.1 所示。

图7.4.1

7.4.1　ASC CDL

ASC CDL 效果由美国电影摄影协会的技术委员会开发，可以用于对画面图像进行基础调色，如图 7.4.2 和图 7.4.3 所示。ASC CDL 的参数面板，如图 7.4.4 所示，主要选项的使用方法如下。

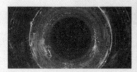　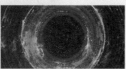

图7.4.2　　　　　　图7.4.3

图7.4.4

红色斜率：调整素材中红色的变化值。

红色偏移：调整素材中红色的偏移程度。

红色功率：调整素材中红色的强度。

绿色斜率：调整素材中绿色的变化值。

绿色偏移：调整素材中绿色的偏移程度。

绿色功率：调整素材中绿色的强度。

蓝色斜率：调整素材中蓝色的变化值。

蓝色偏移：调整素材中蓝色的偏移程度。

蓝色功率：调整素材中蓝色的强度。

饱和度：针对素材的饱和度进行调整。

7.4.2　Lumetri 颜色

"Lumetri 颜色"效果可以链接外部 Lumetri Looks 颜色分级引擎，对图像颜色进行矫正。Premiere Pro 中预设了部分 Lumetri Looks 颜色分级引擎，在"效果"面板中可以直接选择应用，如图 7.4.5 和图 7.4.6 所示。"Lumetri 颜色"的参数面板，如图 7.4.7 所示，主要选项的使用方法如下。

图7.4.5　　　　　　图7.4.6

图7.4.7

基本校正：可以调整素材文件的色温、对比度、曝光程度等，其中包括"现用""输入 LUT""HDR 白色""白平衡""白平衡选择器""色温""色彩""色调""曝光""对比度""高光""阴影""白色""黑色""HDR 高光""饱和度"。

创意：选中"现用"选项后才能启动"创意"效果。

曲线：分别采用不同的形式进行曲线调整，其中包括"现用""RGB 曲线""HDR 范围""色彩饱和度曲线"。

色轮和匹配：选中"现用"选项后才可应用"色轮"效果。

HSL 辅助：选中不同的选项，对素材中颜色的调整具有辅助作用，其中包括"现用""键""设置颜色""添加颜色""移除颜色""显示蒙版""反转蒙版""优化""降噪""模糊""更正""色温""色彩""对比度""锐化""饱和度"。

晕影：对素材中颜色"数量""中点""圆度""羽化"效果进行调节。

7.4.3　亮度与对比度

"亮度与对比度"效果可以调节图像的亮度和对比度，如图 7.4.8 和图 7.4.9 所示。"亮度与对比度"的参数面板，如图 7.4.10 所示，主要选项的使用方法如下。

图7.4.8　　　　　图7.4.9

图7.4.10

亮度：调节画面的明暗程度。

对比度：调节画面颜色的对比度。

7.4.4　保留颜色

"保留颜色"效果可以仅保留图像中的一种色彩，将其他色彩变为灰度色，如图 7.4.11 和图 7.4.12 所示。"保留颜色"的参数面板，如图 7.4.13 所示。

图7.4.11　　　　　图7.4.12

图7.4.13

7.4.5　均衡

"均衡"效果可以对图像中的颜色值和亮度进行平均化处理，如图 7.4.14 和图 7.4.15 所示。"均衡"的参数面板，如图 7.4.16 所示，主要选项的使用方法如下。

图7.4.14　　　　　图7.4.15

图7.4.16

均衡：设置画面中均衡的类型，包括 RGB、亮度、Photoshop 样式。

均衡量：设置画面的曝光补偿程度。

7.4.6　更改为颜色

"更改为颜色"效果可以将图像中选定的一种颜色更改为其他颜色，如图 7.4.17 和图 7.4.18 所示。"更改为颜色"的参数面板，如图 7.4.19 所示，主要选项的使用方法如下。

图7.4.17　　　　　图7.4.18

图7.4.19

自：从画面中选择一种颜色，作为要替换的颜色。

至：设置要替换的颜色。

更改：设置更改的方式，包括"色相""色相和亮度""色相和饱和度""色相、亮度和饱和度"。

更改方式：设置颜色的变换方式，包括"设置为颜色""变化为颜色"。

容差：设置色相、亮度、饱和度的数值。

柔和度：控制颜色替换后的柔和程度。

查看校正遮罩：选中该复选框，会以黑白颜色出现"自"和"至"的遮罩效果。

7.4.7 更改颜色

"更改颜色"效果可以选定图像中的某种颜色，更改其色相、饱和度和亮度等，如图7.4.20和图7.4.21所示。"更改颜色"的参数面板，如图7.4.22所示，主要选项的使用方法如下。

图7.4.20　　　　　　图7.4.21

视图：设置校正颜色的类型。

色相变换：针对素材的色相进行调整。

亮度变换：针对素材的亮度进行调整。

饱和度变换：针对素材的饱和度进行调整。

要更改的颜色：选择想要修改的颜色。

匹配容差：设置颜色与颜色之前的差值范围。

匹配柔和度：设置所更改颜色的柔和程度。

图7.4.22

7.4.8 色彩

"色彩"效果可以将图像中的黑白色映射为其他颜色，如图7.4.23和图7.4.24所示。"色彩"的参数面板，如图7.4.25所示，主要选项的使用方法如下。

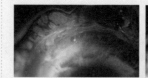

图7.4.23　　　　　　图7.4.24

图7.4.25

将黑色映射到：将画面中的深色变为指定的颜色。

将白色映射到：将画面中的浅色变为指定的颜色。

着色量：设置这两种颜色在画面中的深度。

7.4.9 视频限制器

"视频限制器"效果可以为图像的色彩限定

范围,如图 7.4.26 和图 7.4.27 所示。

图7.4.26　　　　　图7.4.27

"视频限制器"的参数面板,如图 7.4.28 所示。

图7.4.28

7.4.10　通道混合器

"通道混合器"效果可以通过将图像的不同颜色通道进行混合,达到调整颜色的目的,如图 7.4.29 和图 7.4.30 所示。"视频限制器"的参数面板,如图 7.4.31 所示,主要选项的作用如下。

图7.4.29　　　　　图7.4.30

图7.4.31

红色 - 红色、绿色 - 绿色、蓝色 - 蓝色:分别调整画面中红、绿、蓝通道的颜色数量。

红色 - 绿色、红色 - 蓝色:调整在红色通道中绿色或蓝色所占的比例。

绿色 - 红色、绿色 - 蓝色:调整在绿色通道中红色或蓝色所占的比例。

蓝色 - 红色、红色 - 蓝色:调整在蓝色通道中红色或蓝色所占的比例。

单色:选中该复选框,素材将变为黑白效果。

7.4.11　颜色平衡

"颜色平衡"效果可以分别对不同颜色通道的阴影、中间调和高光范围进行调整,使图像颜色更平衡,如图 7.4.32 和图 7.4.33 所示。"颜色平衡"的参数面板,如图 7.4.34 所示,主要选项的作用如下。

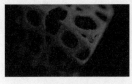 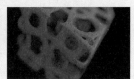

图7.4.32　　　　　图7.4.33

图7.4.34

阴影红色平衡、阴影绿色平衡、阴影蓝色平衡:调整素材中红、绿、蓝颜色平衡。

中间调红色平衡、中间调绿色平衡、中间调蓝色平衡:调整素材中中间调部分的红、绿、蓝颜色平衡。

高光红色平衡、高光绿色平衡、高光蓝色平衡:调整素材中高光部分的红、绿、蓝颜色平衡。

7.4.12 颜色平衡（HLS）

"颜色平衡（HLS）"效果可以分别对不同颜色通道的色相、亮度和饱和度进行调整，使图像颜色更平衡，如图7.4.35和图7.4.36所示。"颜色平衡（HLS）"的参数面板，如图7.4.37所示，主要选项的作用如下。

色相：调整素材的色相。

亮度：调整素材的明亮程度，数值越大画面越亮。

饱和度：调整素材的饱和度，数值为-100

时为黑白色。

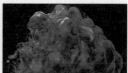

图7.4.35　　　　　　图7.4.36

图7.4.37

7.5　综合实例：水墨画效果

水墨画是中国传统绘画的代表，是由水和墨绘制的黑白画。本例首先使用"黑白"效果去除画面颜色，然后使用"亮度曲线""高斯模糊""色阶"等效果调整画面的亮度及质感，如图7.5.1和图7.5.22所示，具体的操作步骤如下。

图7.5.1

图7.5.2

01 执行"文件"→"新建"→"项目"命令，弹出"新建项目"对话框，设置"名称"，并单击"浏览"按钮设置保存路径。

02 在"项目"面板的空白处双击，导入"视频02.mp4"素材文件，最后单击"打开"按钮导入。

03 选择"项目"面板中的"视频02.mp4"素材，按住鼠标左键将其拖至V1轨道上，此时在"项目"面板中自动生成序列，如图7.5.3所示。

图7.5.3

04 制作水墨画效果。首先在"效果"面板中搜索"黑白"，然后按住鼠标左键将其拖至V1轨道的"视频02.mp4"素材中，此时画面自动变为黑白色调，如图7.5.4和图7.5.5所示。

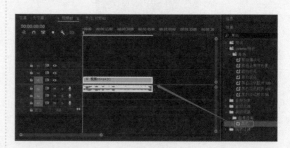

图7.5.4

图7.5.5

05 此时画面偏暗,在"效果"面板中搜索"亮度曲线",然后按住鼠标左键将其拖至V1轨道的"视频02.mp4"素材上,如图7.5.6所示。

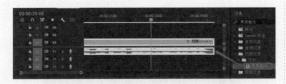

图7.5.6

06 选择V1轨道上的"视频02.mp4"素材,在"效果控件"中展开"高度曲线"效果,在"曲线"面板上单击,添加两个控制点并向上拖动,此时的画面效果如图7.5.7和图7.5.8所示。

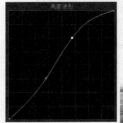 

图7.5.7   图7.5.8

07 在"效果"面板中搜索"高斯模糊",然后按住鼠标左键将其拖至V1轨道的"视频02.mp4"素材上,如图7.5.9所示。

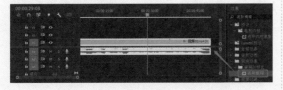

图7.5.9

08 选择V1轨道的"视频02.mp4"素材,展开"高斯模糊"效果,设置"模糊度"值为3.0,此时的画面效果如图7.5.10和图7.5.11所示。

图7.5.10

图7.5.11

09 提亮画面中暗部细节。在"效果"面板中搜索"色阶",然后按住鼠标左键将其拖至V1轨道的"视频02.mp4"素材上,如图7.5.12所示。

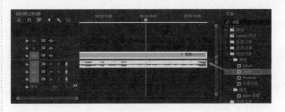

图7.5.12

10 选择V1轨道的"视频02.mp4"素材,展开"色阶"效果,设置"(RGB)输入白色色阶"值为195,"(RGB)输出白色色阶"值为235,此时具有质感的黑白效果制作完成,最终效果如图7.5.13和图7.5.14所示。

图7.5.13

图7.5.14

第8章
音频效果的应用

8.1 关于音频效果

Premiere Pro 2022 具有很强大的音频处理能力，通过"音轨混合器"面板，如图 8.1.1 所示，可以很方便地编辑与控制声音。其最新的声道处理功能和实时录音功能，以及音频素材与音频轨道的分离处理概念，也使得在 Premiere Pro 中编辑音效变得更为轻松、便捷。

同时，Premiere Pro 2022 具有很强的音频编辑功能，其"音频效果"文件夹中提供了大量的音频效果，这些音频效果可以满足多种音频特效的编辑需求。

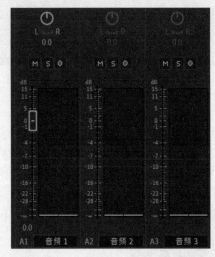

图8.1.1

8.1.1 Premiere Pro 对音频效果的处理方式

首先要介绍的是 Premiere Pro 2022 对音频效果的处理方式。在"音轨混合器"面板中可以看到音频轨道分为两个声道，即左（L）声道和右（R）声道。如果音频素材使用的是单声道，就可以在 Premiere Pro 中对其声道效果进行修改；如果音频素材使用的是双声道，则可以在两个声道之间实现音频特有的效果。另外，在声音效果的处理上，Premiere Pro 2022 还提供了多种处理音频的特效，这些特效和视频特效一样，不同的特效能够产生不同的效果，可以很方便地将其添加到音频素材上并转换成帧，这样能够方便地对其进行编辑和设置。

8.1.2 Premiere Pro 处理音频的流程

在 Premiere Pro 中处理音频的时候，需要按照一定的流程进行操作，例如，按照顺序添加音频特效，Premiere Pro 会对序列中所应用的音频特效进行最先处理，在对这些音频特效处理完后，再对"音轨混合器"面板中的音频轨道中所添加的音频增益进行调整。可以按照以下两种操作流程进行调整。

（1）在"时间线"面板中选择素材，执行"剪辑"→"音频选项"→"音频增益"命令，如图8.1.2所示。在弹出的"音频增益"对话框中调整增益数值，如图8.1.3所示。

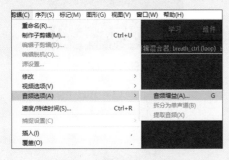

图8.1.2

图8.1.3

（2）在"时间线"面板中选择素材，右击并在弹出的快捷菜单中选择"音频增益"选项，如图8.1.4所示。

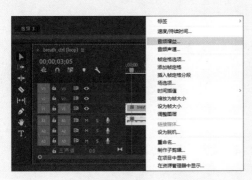

图8.1.4

在弹出的"音频增益"对话框中调整增益数值，如图8.1.5所示。

图8.1.5

下面以实例的形式介绍如何调节影片的音频。

01　启动Premiere Pro，单击"新建项目"按钮，在弹出的"新建项目"对话框中，设置项目名称和存放的位置，单击"确定"按钮，如图8.1.6所示。

图8.1.6

02　执行"文件"→"新建"→"序列"命令，在弹出的"新建序列"对话框中，保持默认设置，单击"确定"按钮，如图8.1.7所示。

图8.1.7

第8章　音频效果的应用

181

03 进入 Premiere Pro 操作界面，执行"文件"→"导入"命令，在弹出的"导入"对话框中，选择需要导入的素材文件，单击"打开"按钮。

04 在"项目"面板中选择已导入的视频素材，按住鼠标左键将其拖至"时间线"面板的V1轨道中，如图8.1.8所示。

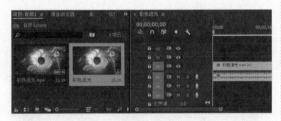

图8.1.8

05 在"时间线"面板上选择"彩色流光.mp4"素材，执行"剪辑"→"音频选项"→"音频增益"命令，如图8.1.9所示。

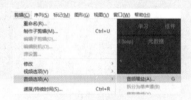

图8.1.9

06 在弹出的"音频增益"对话框中设置"调整增益值"值为5，单击"确定"按钮，如图8.1.10所示。

图8.1.10

07 选择"彩色流光.mp4"素材，在"效果控件"面板中展开"音效"参数，单击"级别"属性右侧的"添加关键帧按钮"，设置其参数为−280，如图8.1.11所示。

图8.1.11

08 把播放头指针移至00:00:01:15，设置"级别"值为0.0dB，如图8.1.12所示。

图8.1.12

09 在"节目监视器"中单击"播放"按钮▶倾听音频的最终效果。

8.2 音频基础知识

在 Premiere Pro 中进行音频编辑前，首先要熟悉和了解音频相关的基本知识，本节将为大家详细介绍音频编辑与应用的基础知识。

8.2.1 音频轨道

在 Premiere Pro 的"时间线"面板中有两种类型的轨道，即视频轨道和音频轨道。音频轨道位于视频轨道的下方，如图8.2.1所示。

图8.2.1

把视频剪辑从"项目"面板拖入"时间线"面板时，Premiere Pro 会自动将剪辑中的音频放到相应的音频轨道上，如果把视频剪辑放在 V1 轨道上，则剪辑中的音频也会被自动放置在 A1 轨道上，如图 8.2.2 所示。

图8.2.2

在 Premiere Pro 中处理音频时，如果使用"剃刀工具" ◆ 切割视频剪辑，则与该剪辑链接的音频也同时被切割，如图 8.2.3 所示。

图8.2.3

选择视频剪辑素材，执行"剪辑"→"取消链接"命令，或者在视频剪辑素材上右击，在弹出的快捷菜单中选择"取消链接"选项，视频和音频将解除链接关系，如图 8.2.4 所示。

图8.2.4

8.2.2　调整音频的持续时间和速度

音频的持续时间是指从音频的入点到出点之间所持续的时间，因此，可以通过改变音频的入点或者出点位置来调整音频的持续时间。在"时间线"面板中使用"选择工具" ▶ 直接拖动音频的边缘，可以改变音频轨道上音频素材的长度，还可以选择"时间线"面板中的音频素材，右击，在弹出的快捷菜单中选择"速度/持续时间"选项，如图 8.2.5 所示。

图8.2.5

在弹出的"剪辑速度/持续时间"对话框中设置音频的持续时间，如图 8.2.6 所示。

图8.2.6

提示： 可以在"剪辑速度/持续时间"对话框中通过设置音频素材的速度，改变音频的持续时间。改变音频的播放速度，会影响音频的播放效果，音调会因速度的变化而改变，播放速度变化了，播放时间也会随之改变，但是这种改变与单纯地改变音频素材的出入点而改变持续时间是不同的。

8.2.3　音量的调节与关键帧技术

在对音频素材进行编辑时，有时候经常会遇到音频素材固有的音量过高或过低的情况，此时就需要对素材的音量进行调节。调节素材的音量有多种方式，下面简单介绍两种调节音频素材音量的操作方法。

1. 通过"音轨混合器"面板来调节音量

在"时间线"面板中选中音频素材，然后在"音轨混合器"面板中拖动相应音频轨道的音量调节滑块，如图 8.2.7 所示。

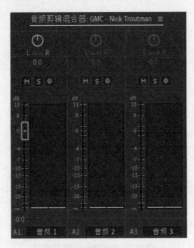

图8.2.7

每个音频轨道都有一个对应的音量调节滑块，通过上下拖动该滑块可以增加或降低对应音频轨道中音频素材的音量，也可以直接在文本框中输入音量数值。

2. 在"效果控件"面板中调节音量

选择音频素材，在"效果控件"面板中展开"音频效果"属性，然后通过设置"级别"参数来调节所选音频素材的音量大小，如图 8.2.8 所示。

图8.2.8

在"效果控件"面板中可以对选中的音频素材参数设置关键帧，制作音频关键帧动画。单击"音频效果"属性右侧的"添加关键帧"按钮 ，如图

8.2.9 所示。

图8.2.9

把播放头指针拖至其他时间位置，设置音频属性参数，软件会自动在该时间点添加一个关键帧，如图 8.2.10 所示。

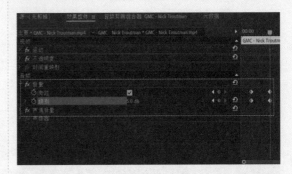

图8.2.10

8.2.4　实例：更改音频的增益与速度

下面以实例的方式介绍如何更改音频的增益与速度，具体的操作步骤如下。

01　启动 Premiere Pro，新建项目和序列。

02　执行"文件"→"导入"命令，在弹出的"导入"对话框中，选择需要导入的素材，单击"打开"按钮。

03　在"项目"面板中选择"旅行 .mp4"素材，按住鼠标左键，将其拖入"节目监视器"面板中，释放鼠标，如图 8.2.11 所示。

04　在"时间线"面板中选择"旅行 .mp4"素材，在"效果控件"面板中设置素材的"缩放"值为 110.0，如图 8.2.12 所示。

图8.2.11

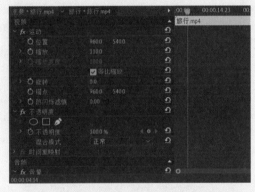

图8.2.12

05 选择素材"旅行.mp4"，右击，在弹出的快捷菜单中选择"速度/持续时间"选项，如图 8.2.13 所示。

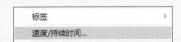

图8.2.13

06 在弹出的"剪辑速度/持续时间"对话框中设置音频的"速度"值为 85，如图 8.2.14 所示。

图8.2.14

07 继续选择"旅行.mp4"素材，执行"剪辑"→"音频选项"→"音频增益"命令，如图 8.2.15 所示。

图8.2.15

08 在弹出的"音频增益"对话框中设置"调整增益值"值为 8，单击"确定"按钮，如图 8.2.16 所示。

图8.2.16

8.3 使用音轨混合器

"音轨混合器"面板可以实时混合"时间线"面板中各个轨道中的音频素材，还可以在该面板中选择相应的音频控制器进行调整，从而调整在"时间线"面板中对应轨道中的音频素材。通过"音轨混合器"面板可以很方便地控制音频的声道、音量等属性。

8.3.1　认识"音轨混合器"面板

"音轨混合器"面板由若干个轨道音频控制器、主音频控制器和播放控制器组成，如图 8.3.1 所示。

图8.3.1

其中轨道音频控制器主要用于调节"时间线"面板中与其对应轨道上的音频。轨道音频控制器的数量跟"时间线"面板中音频轨道的数量一致，并由控制按钮、声道调节滑轮和音量调节滑块 3 部分组成。

1. 控制按钮

轨道音频控制器的控制按钮主要用于控制音频调节器的状态，下面分别介绍各个按钮的名称及其功能。

"静音轨道"按钮Ｍ：主要用于设置轨道音频是否为静音状态，单击该按钮后变为绿色，表示该音轨处于静音状态，再次单击该按钮，取消静音。

"独奏轨道"按钮Ｓ：单击该按钮变为黄色，其他普通音频轨道将会自动被设置为静音模式。

"启用轨道以进行录制"按钮🎤：单击该按钮变为红色，此时可以利用输入设备将声音录制到目标轨道上，该按钮仅在单声道和立体声普通音频轨道中出现。

2. 声道调节滑轮

声道调节滑轮主要用于实现音频素材的声道

切换，当音频素材为双声道音频时，可以使用声道调节滑轮来调节播放声道。在滑轮上按住鼠标左键向左拖动滑轮，则左声道的输出音量增大，向右拖动滑轮，则右声道的输出音量增大，如图 8.3.2 所示。

图8.3.2

3. 音量调节滑块

"音量调节滑块"主要用于控制当前轨道音频素材的音量大小，按住鼠标左键向上拖动滑块可以增加音量，向下拖动滑块可以减小音量，如图 8.3.3 所示。

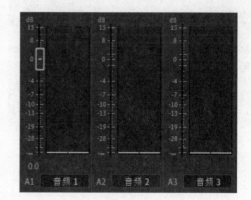

图8.3.3

8.3.2　设置"音轨混合器"面板

单击"音轨混合器"面板右上角的▤按钮，可以在弹出的菜单中对面板进行相关设置，如图 8.3.4 所示。

图8.3.4

8.4 振幅与压限效果

8.4.1 动态效果

"动态"效果可以增强或减弱一定范围内的音频信号，使音调更加灵活、有特点。在"效果"面板中选择"音频效果"→"振幅与压限"→"动态"效果，将其拖至需要应用该效果的音频素材上，并在"效果控件"面板中对其进行参数设置即可，如图 8.4.1 和图 8.4.2 所示。

图8.4.1

图8.4.2

单击"编辑"按钮，自动弹出"剪辑效果编辑器 – 动态"窗口，如图 8.4.3 所示，主要控件的使用方法如下。

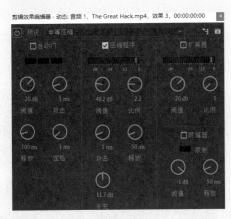

图8.4.3

自动门：删除低于特定振幅阈值的噪声。

压缩程序：衰减超过特定阈值的音频来减少音频信号的动态范围。

扩展器：衰减低于指定阈值的音频来增加音频信号的动态范围。

限幅器：衰减超过指定阈值的音频。

8.4.2 动态处理效果

"动态处理"效果可以模拟乐器发出的声音，将音频素材制作为声音与乐器同时作用的音效声。在"效果"面板中选择"音频效果"→"振幅与压限"→"动态处理"效果，将其拖至需要应用该效果的音频素材上，并在"效果控件"面板中对其进行参数设置即可，如图 8.4.4 和图 8.4.5 所示。

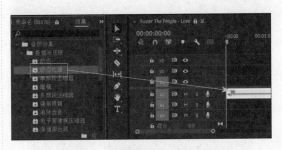

图8.4.4

图8.4.5

单击"编辑"按钮，自动弹出"剪辑效果编辑器 – 动态处理"窗口，如图 8.4.6 所示。

第8章 音频效果的应用

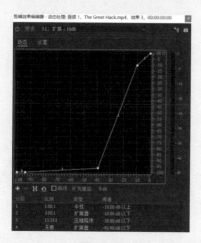

图8.4.6

比率：设置压缩比。

起奏：音频超过设置阈值后开始压缩的速度。

释放：音频下降到设置阈值时，停止压缩的速度。

输出增益：增强或减弱振幅。

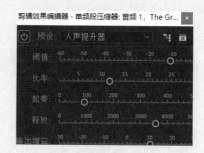

图8.4.9

8.4.3　单频段压缩器效果

"单频段压缩器"效果用于设置单频段中的声波压缩。在"效果"面板中选择"音频效果"→"振幅与压限"→"单频段压缩器"效果，将其拖至需要应用该效果的音频素材上，并在"效果控件"面板中对其进行参数设置，如图8.4.7和图8.4.8所示。

图8.4.7

图8.4.8

单击"编辑"按钮，自动弹出"剪辑效果编辑器－单频段压缩器"窗口，如图8.4.9所示。主要控件的使用方法如下。

阈值：设置压缩开始时的输入电平。

8.4.4　增幅效果

"增幅"效果可以根据检测到的振幅增强或减弱信号。在"效果"面板中选择"音频效果"→"振幅与压限"→"增幅"效果，将其拖至需要应用该效果的音频素材上，并在"效果控件"面板中对其进行参数设置，如图8.4.10和图8.4.11所示。

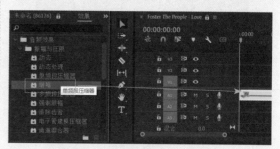

图8.4.10

图8.4.11

单击"编辑"按钮，自动弹出"剪辑效果编辑器－增幅"窗口，如图8.4.12所示，主要控件的使用方法如下。

图8.4.12

增益：增强或减弱单个音频通道。

链接滑块：选中该复选框，多个声道可以一起移动。

8.4.5 多频段压缩器效果

"多频段压缩器"效果可以用于任何的信号，尤其非常适合一个拥有宽广频率范围的信号。当我们的目标只是整体音频信号中极其特定的频率范围时，信号中就只会有（通过频率）独立出来的这个部分或者局部高电平部分将受益于压缩处理。

在"效果"面板中选择"音频效果"→"振幅与压限"→"多频段压缩器"效果，将其拖至需要应用该效果的音频素材上，并在"效果控件"面板中对其进行参数设置即可，如图 8.4.13 和图 8.4.14 所示。

图8.4.13

图8.4.14

单击"编辑"按钮，自动弹出"剪辑效果编辑器－多频段压缩器"窗口，如图 8.4.15 所示。

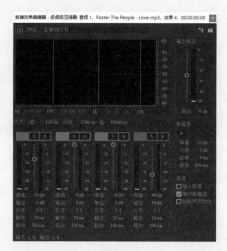

图8.4.15

8.4.6 强制限幅效果

"强制限幅"效果是把信号幅度限制在一定的范围内。例如，强制限幅 −0.1dB 就是执行此命令后，音量电平的峰值幅度被限制在 −0.1dB，最高幅度不会高于−0.1dB，这样可以避免出现"消顶失真"。

在"效果"面板中选择"音频效果"→"振幅与压限"→"强制限幅"效果，将其拖至需要应用该效果的音频素材上，并在"效果控件"面板中对其进行参数设置即可，如图 8.4.16 和图 8.4.17 所示，主要参数的设置方法如下。

图8.4.16

图8.4.17

最大振幅：设置允许的最大采样幅度。

输入增强：数值越大音量越大。

预测时间：设置在达到最响峰值之前，需要减弱的音频时间长度。

释放时间：默认值为 100.00ms，效果较好。

链接声道：将所有声道的响度关联到一起，保持立体声或环绕声平衡。

8.4.7 消除齿音效果

"消除齿音"效果可消除在前期录制中产生的刺耳齿音。在"效果"面板中选择"音频效果"→"振幅与压限"→"消除齿音"效果，将其拖至需要应用该效果的音频素材上，并在"效果控件"面板中对其进行参数设置即可，如图 8.4.18 和图 8.4.19 所示。

图8.4.18

图8.4.19

单击"编辑"按钮，自动弹出"剪辑效果编辑器 – 消除齿音"窗口，如图 8.4.20 所示，主要控件的使用方法如下。

模式：选中"宽频"单选按钮统一压缩所有频率；选中"多频段"单选按钮仅压缩齿音范围。

阈值：设置振幅上限，超过此振幅将进行压缩。

中置频率：齿音最强时的频率。

带宽：触发压缩器的频率范围。

仅输出齿音：输出检测到的齿音。

增益降低：显示处理后频率的压缩级别。

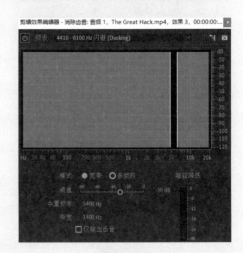

图8.4.20

8.4.8 电子管建模压缩器效果

"电子管建模压缩器"效果可以使信号的输出范围变小，也可以使微弱的信号变大，最终使大信号和小信号之间的差别变小，从而提升人声和伴奏的融合度。

在"效果"面板中选择"音频效果"→"振幅与压限"→"电子管建模压缩器"效果，将其拖至需要应用该效果的音频素材上，并在"效果控件"面板中对其进行参数设置即可，如图 8.4.21 和图 8.4.22 所示。

图8.4.21

图8.4.22

图8.4.24

8.4.9　通道混合器效果

"通道混合器"效果可以改变立体声或环绕声道的平衡、改变声音的外观位置、校正不匹配的电平或解决相位问题。

在"效果"面板中选择"音频效果"→"振幅与压限"→"通道混合器"效果,将其拖至需要应用该效果的音频素材上,并在"效果控件"面板中对其进行参数设置即可,如图 8.4.23 和图 8.4.24 所示。

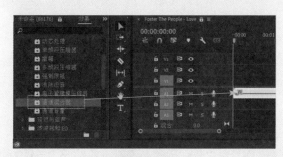

图8.4.23

8.4.10　通道音量效果

"通道音量"效果用于独立控制立体声、剪辑或轨道中每条声道的音量。在"效果"面板中选择"音频效果"→"振幅与压限"→"通道音量"效果,将其拖至需要应用该效果的音频素材上,并在"效果控件"面板中对其进行参数设置即可,如图 8.4.25 和图 8.4.26 所示。

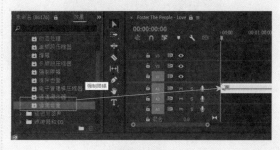

图8.4.25

图8.4.26

8.5　延迟与回声效果

8.5.1　多功能延迟效果

"多功能延迟"效果可以使音频剪辑产生回声效果,"多功能延迟"效果可以产生 4 层回声,通过调节参数来控制每层回声发生的延迟时间与程度。

在"效果"面板中选择"音频效果"→"延迟与回声"→"多功能延迟"效果,将其拖至需要应用该效果的音频素材上,并在"效果控件"面板中对其进行参数设置即可,如图 8.5.1 和图 8.5.2 所示,主要控件的使用方法如下。

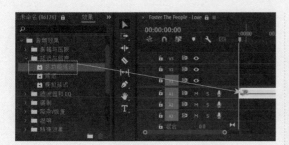

图8.5.1

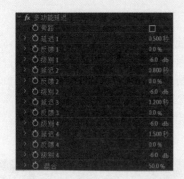

图8.5.2

延迟 1/2/3/4：用于指定原始音频与回声之间的时间量。

反馈 1/2/3/4：用于指定延迟信号和叠加程度，以产生多重衰减回声的效果。

级别 1/2/3/4：用于设置每层回声的音量。

混合：用于控制延迟声音和原始音频的百分比。

8.5.2　延迟效果

"延迟"效果用于添加音频剪辑声音的回声，可以在指定时间量之后播放。在"效果"面板中选择"音频效果"→"延迟与回声"→"延迟"效果，将其拖至需要应用该效果的音频素材上，并在"效果控件"面板中对其进行参数设置即可，如图 8.5.3 和图 8.5.4 所示，主要控件的使用方法如下。

延迟：设置回声的间隔持续时间。

反馈：调节回声的强弱。

混合：设置混响的音量。

图8.5.3

图8.5.4

8.5.3　模拟延迟效果

"模拟延迟"效果可以使音频产生延迟效果。在"效果"面板中选择"音频效果"→"延迟与回声"→"模拟延迟"效果，将其拖至需要应用该效果的音频素材上，并在"效果控件"面板中对其进行参数设置即可，如图 8.5.5 和图 8.5.6 所示。

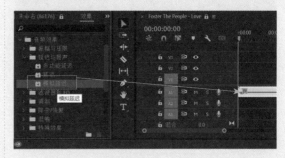

图8.5.5

图8.5.6

单击"编辑"按钮，弹出"剪辑效果编辑器 - 模拟延迟"窗口，如图 8.5.7 所示，主要控件的使用方法如下。

图8.5.7

图8.5.8

模式：指定硬件模拟的类型，从而确定均衡和扭曲特性。

干输出：确定原始未处理音频的电平。

湿输出：确定延迟的、经过处理的音频的电平。

延迟：控制延迟长度。

反馈：通过延迟线重新发送延迟的音频，从而创建重复回声。

劣音：增加扭曲并提高低频。

扩展：确定延迟信号的立体声宽度。

8.5.4 实例：实现余音绕梁的效果

下面以实例的形式，介绍如何实现音乐余音绕梁的效果。

01 启动 Premiere Pro ，新建项目和序列。

02 执行"文件"→"导入"命令，在弹出的"导入"对话框中，选择需要导入的素材，单击"打开"按钮。

03 在"项目"面板中选择"颗粒.mp4"素材，按住鼠标左键，将其拖入"节目监视器"面板中，释放鼠标，如图 8.5.8 所示。

04 选择"颗粒.mp4"素材，右击，在弹出的快捷菜单中选择"速度/持续时间"选项，在弹出的"剪辑速度/持续时间"对话框中设置"持续时间"为 00:00:30:00，如图 8.5.9 所示。

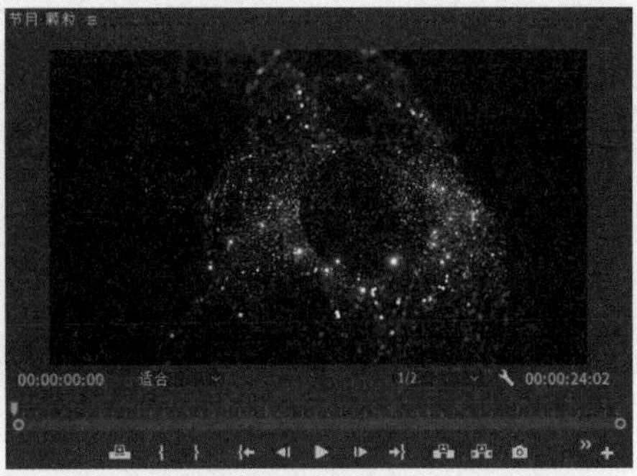

图8.5.9

05 在"效果"面板中展开"音频效果"文件夹，选择"延迟"效果并将其拖至 A1 轨道中的音频素材上，如图 8.5.10 所示。

图8.5.10

06 选择音频轨道 1 中的音频素材，在"效果控件"面板中设置"延迟"属性中的"延迟"值为1.600 秒，"反馈"值为 20.0%，"混合"值为60.0%，如图 8.5.11 所示。

图8.5.11

07 在"节目监视器"窗口单击▶按钮播放视频，效果如图 8.5.12 所示。

第8章 音频效果的应用

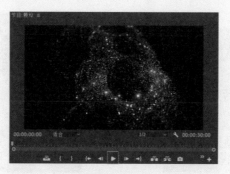

图8.5.12

8.6 滤波器和 EQ

8.6.1 FFT 滤波器效果

"FFT 滤波器"效果的图形特性使绘制用于抑制或增强特定频率的曲线或陷波变得简单。FFT 代表"快速傅里叶变换",是一种用于快速分析频率和振幅的算法。此效果可以产生高通或低通滤波器(用于保持高频或低频)、窄带通滤波器(用于模拟电话铃声)或陷波滤波器(用于消除小的精确频段)。

在"效果"面板中选择"音频效果"→"滤波器和 EQ"→"FFT 滤波器"效果,将其拖至需要应用该效果的音频素材上,并在"效果控件"面板中对其进行参数设置即可,如图 8.6.1 和图 8.6.2 所示。

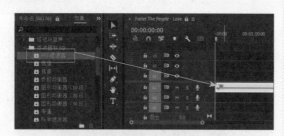

图8.6.1

图8.6.2

单击"编辑"按钮,自动弹出"剪辑效果编辑器 –FFT 滤波器"窗口,如图 8.6.3 所示。

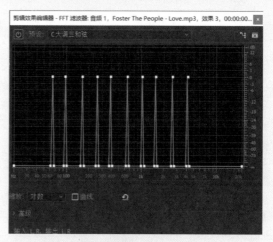

图8.6.3

8.6.2 低通效果

"低通"效果用于删除高于指定频率的其他频率信息,与"高通"效果相反。在"效果"面板中选择"音频效果"→"滤波器和 EQ"→"低通"效果,将其拖至需要应用该效果的音频素材上,并在"效果控件"面板中对其进行参数设置即可,如图 8.6.4 和图 8.6.5 所示,主要控件的使用方法如下。

图8.6.4

图8.6.5

屏蔽度:设置声音频率的过渡级别。

8.6.3 低音效果

"低音"效果可以增大或减小低频。在"效果"面板中选择"音频效果"→"滤波器和EQ"→"低音"效果,将其拖至需要应用该效果的音频素材上,并在"效果控件"面板中对其进行参数设置即可,如图8.6.6和图8.6.7所示,主要控件的使用方法如下。

图8.6.6

图8.6.7

提升:用于增加音频的低频音量。

8.6.4 参数均衡器效果

"参数均衡器"效果可以增大或减小位于指

定中心频率附近的频率。在"效果"面板中选择"音频效果"→"滤波器和EQ"→"参数均衡器"效果,将其拖至需要应用该效果的音频素材上,并在"效果控件"面板中对其进行参数设置即可,如图8.6.8和图8.6.9所示。

图8.6.8

图8.6.9

单击"编辑"按钮,自动弹出"剪辑效果编辑器-参数均衡器"窗口,如图8.6.10所示。

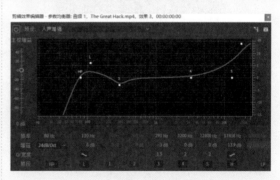

图8.6.10

8.6.5 图形均衡器(10段)效果

"图形均衡器(10段)"效果可以调节各频段信号的增益值。在"效果"面板中选择"音频效果"→"滤波器和EQ"→"图形均衡器(10段)"效果,将其拖至需要应用该效果的音频素材上,并在"效果控件"面板中对其进行参数设置即可,如图8.6.11和图8.6.12所示。

图8.6.11

图8.6.12

单击"编辑"按钮,自动弹出"剪辑效果编辑器－图形均衡器（10 段）"窗口,如图 8.6.13 所示。

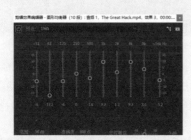

图8.6.13

8.6.6　图形均衡器（20 段）效果

"图形均衡器（20 段）"效果可以精细调节各频段信号的增益值。在"效果"面板中选择"音频效果"→"滤波器和EQ"→"图形均衡器（20 段）"效果,将其拖至需要应用该效果的音频素材上,并在"效果控件"面板中对其进行参数设置即可,如图 8.6.14 和图 8.6.15 所示。

图8.6.14

图8.6.15

单击"编辑"按钮,自动弹出"剪辑效果编辑器－图形均衡器（20 段）"窗口,如图 8.6.16 所示。

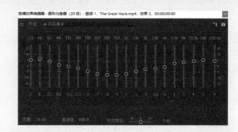

图8.6.16

8.6.7　图形均衡器（30 段）效果

"图形均衡器（30 段）"效果可以精细调节各频段信号的增益值,调整范围相对较大。在"效果"面板中选择"音频效果"→"滤波器和EQ"→"图形均衡器（30 段）"效果,将其拖至需要应用该效果的音频素材上,并在"效果控件"面板中对其进行参数设置即可,如图 8.6.17 和图8.6.18 所示。

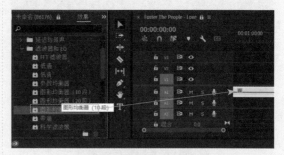

图8.6.17

图8.6.18

单击"编辑"按钮,自动弹出"剪辑效果编辑器－图形均衡器（30 段）"窗口,如图 8.6.19 所示。

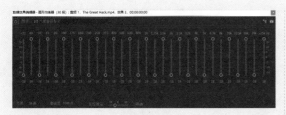

图8.6.19

8.6.8　带通效果

"带通"效果可以删除指定声音以外的范围或者波段的频率。在"效果"面板中选择"音频效果"→"滤波器和EQ"→"带通"效果，将其拖至需要应用该效果的音频素材上，并在"效果控件"面板中对其进行参数设置即可，如图8.6.20和图8.6.21所示。

图8.6.20

图8.6.21

下面对"带通"效果的主要属性参数进行简单介绍。

中心：用于设置频率范围的中心帧速率。

Q：用于设置波段频率的宽度。

8.6.9　科学滤波器效果

"科学滤波器"效果可以控制左右声道的音量比。在"效果"面板中选择"音频效果"→"滤波

器和EQ"→"科学滤波器"效果，将其拖至需要应用该效果的音频素材上，并在"效果控件"面板中对其进行参数设置即可，如图8.6.22和图8.6.23所示。

图8.6.22

图8.6.23

单击"编辑"按钮，自动弹出"剪辑效果编辑器－科学滤波器"窗口，如图8.6.24所示。

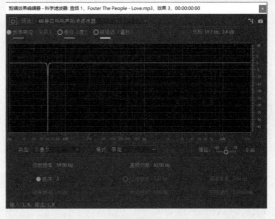

图8.6.24

8.6.10　简单的参数均衡效果

"简单的参数均衡"效果可以增加或者减少特定频率邻近的音频频率，使音调在一定范围内达到均衡。在"效果"面板中选择"音频效果"→"滤波器和EQ"→"简单的参数均衡"效果，将其拖至需要应用该效果的音频素材上，并在"效果控件"

面板中对其进行参数设置即可，如图 8.6.25 和图 8.6.26 所示，主要控件的使用方法如下。

图8.6.25

图8.6.26

Q：用于设置波段频率的宽度。

提升：提升较弱参数的频率。

8.6.11　简单的陷波滤波器效果

"简单的陷波滤波器"效果的阶数为二阶以上，用于阻碍频率信号。在"效果"面板中选择"音频效果"→"滤波器和 EQ"→"简单的陷波滤波器"效果，将其拖至需要应用该效果的音频素材上，并在"效果控件"面板中对其进行参数设置即可，如图 8.6.27 和图 8.6.28 所示，主要控件的使用方法如下。

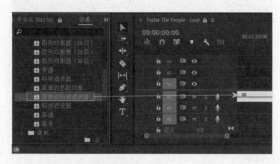

图8.6.27

中心：用于设置频率范围的中心帧速率。

图8.6.28

8.6.12　陷波滤波器效果

"陷波滤波器"效果可以迅速衰减音频信号，属于带阻滤波器的一种。在"效果"面板中选择"音频效果"→"滤波器和 EQ"→"陷波滤波器"效果，将其拖至需要应用该效果的音频素材上，并在"效果控件"面板中对其进行参数设置即可，如图 8.6.29 和图 8.6.30 所示。

图8.6.29

图8.6.30

单击"编辑"按钮，自动弹出"剪辑效果编辑器－陷波滤波器"窗口，如图 8.6.31 所示。

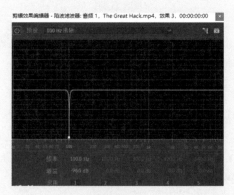

图8.6.31

8.6.13 高通效果

"高通"效果用于删除低于指定频率界限的其他频率。在"效果"面板中选择"音频效果"→"滤波器和EQ"→"高通"效果，将其拖至需要应用该效果的音频素材上，并在"效果控件"面板中对其进行参数设置即可，如图8.6.32和图8.6.33所示，主要控件的使用方法如下。

图8.6.32

图8.6.33

屏蔽度：用于设置频率过渡值的大小。

8.6.14 高音效果

"高音"效果用于提高或者降低高频。在"效果"面板中选择"音频效果"→"滤波器和EQ"→"高音"效果，将其拖至需要应用该效果的音频素材上，并在"效果控件"面板中对其进行参数设置即可，如图8.6.34和图8.6.35所示，主要控件的使用方法如下。

图8.6.34

图8.6.35

提升：增加或减小音调的频率。

8.7 调制

8.7.1 和声/镶边效果

"和声/镶边"效果可以模拟乐器制作出音频的混合特效。在"效果"面板中选择"音频效果"→"调制"→"和声/镶边"效果，将其拖至需要应用该效果的音频素材上，并在"效果控件"面板中对其进行参数设置即可，如图8.7.1和图8.7.2所示。

图8.7.1

图8.7.2

单击"编辑"按钮，自动弹出"剪辑效果编辑器－和声/镶边"窗口，如图8.7.3所示，主要控件的使用方法如下。

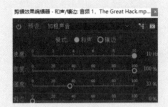

图8.7.3

模式：可以选择"和声"与"镶边"两种模式。

速度：控制延迟速率。

宽度：指定最大延迟量。

强度：控制原始音频与处理后音频的比率。

瞬态：强调瞬时，产生更锐利、更清晰的声音。

8.7.2　移相器效果

"移相器"效果可以通过频率来改变声音，从而模拟另一种声音效果。在"效果"面板中选择"音频效果"→"调制"→"移相器"效果，将其拖至需要应用该效果的音频素材上，并在"效果控件"面板中对其进行参数设置即可，如图8.7.4和图8.7.5所示。

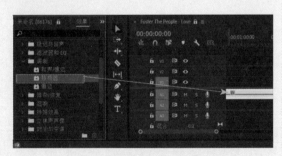

图8.7.4

图8.7.5

单击"编辑"按钮，自动弹出"剪辑效果编辑器-移相器"窗口，如图8.7.6所示，主要控件的使用方法如下。

图8.7.6

阶段：设置移相滤波器的数量。

强度：设置信号的偏移量。

深度：设置滤波器在上限频率之下行进的距离。

调制速率：控制滤波器靠近频率上限的速度。

相位差异：确定立体声声道之间的相位差。

上限频率：设置滤波器扫描的最高频率。

反馈：将一定比例的移相器输出回馈到输入，以增强效果。

混合：设置原始音频与处理后音频的混合比率。

输出增益：调整处理后的输出电平。

8.7.3　镶边效果

"镶边"效果用于设置音频延迟、立体声相位及反馈效果。在"效果"面板中选择"音频效果"→"调制"→"镶边"效果，将其拖至需要应用该效果的音频素材上，并在"效果控件"面板中对其进行参数设置即可，如图8.7.7和图8.7.8所示。

图8.7.7

图8.7.8

单击"编辑"按钮,自动弹出"剪辑效果编辑器－镶边"窗口,如图 8.7.9 所示,主要控件的使用方法如下。

初始延迟时间:设置原始信号后面的镶边起点。

最终延迟时间:设置原始信号后面的镶边终点。

立体声相位:设置左右声道的延迟。

反馈:反馈镶边中的镶边信号的百分比。

调制速率:确定延迟从初始延迟时间循环到最终延迟时间的速度。

图8.7.9

8.8 降杂 / 恢复

8.8.1 减少混响效果

"减少混响"效果可以减少音频中的回声与混响。在"效果"面板中选择"音频效果"→"降杂 / 恢复"→"减少混响"效果,将其拖至需要应用该效果的音频素材上,并在"效果控件"面板中对其进行参数设置即可,如图 8.8.1 和图 8.8.2所示。

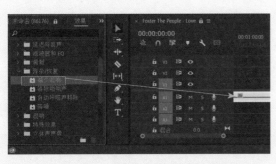

图8.8.1

图8.8.2

单击"编辑"按钮,自动弹出"剪辑效果编辑器－减少混响"窗口,如图 8.8.3 所示。

图8.8.3

8.8.2　消除嗡嗡声效果

"消除嗡嗡声"效果可以去除音频中因录制时收录的杂声而产生的嗡嗡声。在"效果"面板中选择"音频效果"→"降杂 / 恢复"→"消除嗡嗡声"效果,将其拖至需要应用该效果的音频素材上,并在"效果控件"面板中对其进行参数设置即可,如图 8.8.4 和图 8.8.5 所示。

图8.8.4

图8.8.5

单击"编辑"按钮,自动弹出"剪辑效果编辑器 – 消除嗡嗡声"窗口,如图 8.8.6 所示。

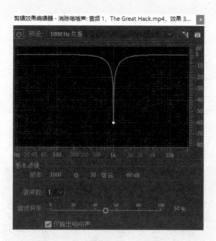

图8.8.6

8.8.3　自动咔嗒声移除效果

"自动咔嗒声移除"效果可以消除前期录制音频中产生的咔嗒声音。在"效果"面板中选择"音频效果"→"降杂 / 恢复"→"自动咔嗒声移除"效果,将其拖至需要应用该效果的音频素材上,并在"效果控件"面板中对其进行参数设置即可,如图 8.8.7 和图 8.8.8 所示。

图8.8.7

图8.8.8

单击"编辑"按钮,自动弹出"剪辑效果编辑器 – 自动咔嗒声移除"窗口,如图 8.8.9 所示,主要控件的使用方法如下。

图8.8.9

阈值:控制噪声的灵敏度。

复杂度:数值越高,应用的处理越多,音质也可能随之降低。

8.8.4　降噪效果

"降噪"效果主要用于自动探测音频中的噪声并将其消除。在"效果"面板中选择"音频效果"→"降杂 / 恢复"→"降噪"效果,将其拖至需要应用该效果的音频素材上,并在"效果控件"面板中对其进行参数设置即可,如图 8.8.10 和图 8.8.11 所示。

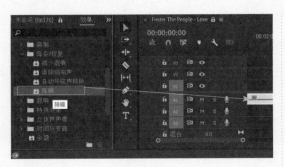

图8.8.10

图8.8.11

8.9 混响

01
02
03
04
05
06
07
08
09
10
11

8.9.1 卷积混响效果

"卷积混响"效果用于在一个位置录制掌声，然后将音响效果应用到不同的录制内容，使它听起来像在原始环境中录制的效果。在"效果"面板中选择"音频效果"→"混响"→"卷积混响"效果，将其拖至需要应用该效果的音频素材上，并在"效果控件"面板中对其进行参数设置即可，如图8.9.1和图8.9.2所示。

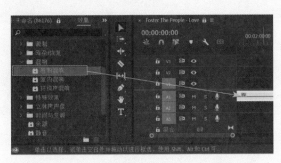

图8.9.1

图8.9.2

单击"编辑"按钮，自动弹出"剪辑效果编辑器－卷积混响"窗口，如图8.9.3所示。

脉冲：选择模拟声学空间的预设选项。

混合：控制原始声音与混响声音的混合比率。

房间大小：比值越大，混响越长。

阻尼 LF：减少混响中的低频重低音，避免模糊从而产生更清晰的声音。

阻尼 HF：减少混响中的高频瞬时分量，避免出现刺耳的声音。

预延迟：混响形成最大振幅所需的毫秒数。

宽度：控制立体声扩展，设置为 0 时，将生成单声道混响信号。

图8.9.3

8.9.2 室内混响效果

"室内混响"效果可以模拟在室内演奏时的混响音乐效果。在"效果"面板中选择"音频效

果"→"混响"→"室内混响"效果，将其拖至
需要应用该效果的音频素材上，并在"效果控件"
面板中对其进行参数设置即可，如图8.9.4和图
8.9.5所示。

图8.9.4

图8.9.5

单击"编辑"按钮，自动弹出"剪辑效果编辑器－
室内混响"窗口，如图8.9.6所示。

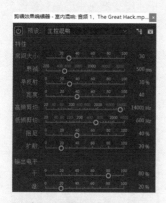

图8.9.6

房间大小：设置房间大小。

衰减：调整混响的衰减量。

早反射：控制先到达耳朵的回声的百分比，
提升对整体空间大小的感觉。过高值会导致声音
失真，而过低值会失去空间感。

宽度：控制立体声声道之间的扩展。

高频剪切：控制产生混响的最高频率。

低频剪切：控制产生混响的最低频率。

扩散：模拟混响信号在毛毯表面上反射时的
吸收强度。

8.9.3　环绕声混响效果

"环绕声混响"效果可以模拟声音在房间中
传播的效果和氛围。在"效果"面板中选择"音
频效果"→"混响"→"环绕声混响"效果，将
其拖至需要应用该效果的音频素材上，并在"效
果控件"面板中对其进行参数设置即可，如图8.9.7
和图8.9.8所示。

图8.9.7

图8.9.8

单击"编辑"按钮，自动弹出"剪辑效果编辑器－
环绕声混响"窗口，如图8.9.9所示。

图8.9.9

8.10 特殊效果

8.10.1 Binauralizer–Ambisonics 效果

　　Binauralizer–Ambisonics 效果，与全景视频组合起来，可以创造一种身临其境的体验。在软件中，不仅可以按照方向或位置来编辑音频，还可以将其导出为多声道模拟立体声音频。

　　在"效果"面板中选择"音频效果"→"特殊效果"→ Binauralizer–Ambisonics 效果，将其拖至需要应用该效果的音频素材上，该效果没有参数模板，如图8.10.1所示。

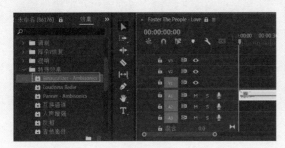

图8.10.1

8.10.2 Panner–Ambisonics 效果

　　Panner–Ambisonics 效果用于调整音频信号的定调，适用于立体声编辑。在"效果"面板中选择"音频效果"→"特殊效果"→ Panner–Ambisonics 效果，将其拖至需要应用该效果的音频素材上，该效果没有参数面板，如图8.10.2所示。

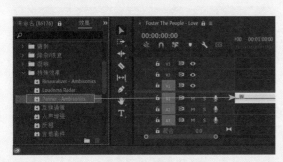

图8.10.2

8.10.3 互换声道效果

　　"互换声道"效果用于交换左右声道的信息。在"效果"面板中选择"音频效果"→"特殊效果"→"互换声道"效果，将其拖至需要应用该效果的音频素材上，并在"效果控件"面板中对其进行参数设置即可，如图8.10.3和图8.10.4所示。

图8.10.3

图8.10.4

8.10.4 人声增强效果

　　"人声增强"效果可以将音频中的声音更偏向男性声音或者女性声音，突出人声特点。在"效果"面板中选择"音频效果"→"特殊效果"→"人声增强"效果，将其拖至需要应用该效果的音频素材上，并在"效果控件"面板中对其进行参数设置即可，如图8.10.5和图8.10.6所示。

图8.10.5

图8.10.6

单击"编辑"按钮,自动弹出"剪辑效果编辑器－人声增强"窗口,如图 8.10.7 所示。

图8.10.7

8.10.5 反相效果

"反相"效果可以反转所有声道。在"效果"面板中选择"音频效果"→"特殊效果"→"反相"效果,将其拖至需要应用该效果的音频素材上即可,该效果没有参数设置,如图8.10.8和图8.10.9所示。

图8.10.8

图8.10.9

8.10.6 吉他套件效果

"吉他套件"效果应用一系列可优化和改变吉他音轨声音的处理器。"压缩程序"阶段可以减少动态范围,产生具有更大影响的、更紧的声音。"滤波器""扭曲"和"放大器"阶段可以模拟吉他手用来创造有表现力的艺术表演的一般效果。

在"效果"面板中选择"音频效果"→"特殊效果"→"吉他套件"效果,将其拖至需要应用该效果的音频素材上,并在"效果控件"面板中对其进行参数设置即可,如图 8.10.10 所示。

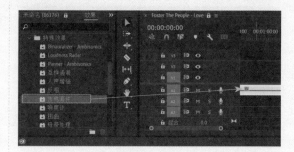

图8.10.10

单击"编辑"按钮,自动弹出"剪辑效果编辑器－吉他套件"窗口,如图 8.10.11 所示。

图8.10.11

8.10.7 响度计效果

"响度计"效果是以雷达的形式显示各种响度信息,可以调节音频的音量,适用于广播、电影、电视的后期处理。在"效果"面板中选择"音频效果"→"特殊效果"→"响度计"效果,将其拖至需要应用该效果的音频素材上,并在"效果控件"面板中对其进行参数设置即可,如图8.10.12 和图 8.10.13 所示。

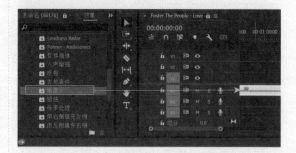

图8.10.12

图8.10.13

单击"编辑"按钮，自动弹出"剪辑效果编辑器－雷达响度计"窗口，如图 8.10.14 所示。

图8.10.14

8.10.8 扭曲效果

"扭曲"效果可以将少量扭曲音调效果应用于任何音频。在"效果"面板中选择"音频效果"→"特殊效果"→"扭曲"效果，将其拖至需要应用该效果的音频素材上，并在"效果控件"面板中对其进行参数设置即可，如图 8.10.15 和图 8.10.16 所示。

单击"编辑"按钮，自动弹出"剪辑效果编辑器－扭曲"窗口，如图 8.10.17 所示。

图8.10.15

图8.10.16

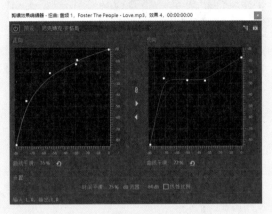

图8.10.17

8.10.9 母带处理效果

"母带处理"效果可以将录制的人声与乐声混合，常用于光盘或磁带中。在"效果"面板中选择"音频效果"→"特殊效果"→"母带处理"效果，将其拖至需要应用该效果的音频素材上，并在"效果控件"面板中对其进行参数设置即可，如图 8.10.18 和图 8.10.19 所示。

图8.10.18

图8.10.19

单击"编辑"按钮,自动弹出"剪辑效果编辑器 – 母带处理"窗口,如图 8.10.20 所示,主要控件的使用方法如下。

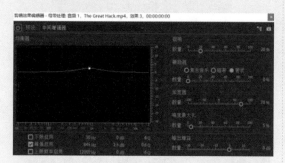

图8.10.20

均衡器:调整总体音调平衡。

混响:增加混响声音的比率。

激励器:增大高频谐波,以增强音频的清脆度和清晰度。

※ 复古音乐:轻微调整扭曲。

※ 磁带:调整明亮的音调。

※ 管状:调整快速的动态响应。

数量:调整处理的音频。

加宽器:调整立体声的声像。

响度最大化:减少动态范围的限制器,提升感知级别。

输出增益:确定处理之后的输出电平。

8.10.10 用右侧填充左侧效果

"用右侧填充左侧"效果可以将右声道的音频信息复制到左声道中。

在"效果"面板中选择"音频效果"→"特殊效果"→"用右侧填充左侧"效果,将其拖至需要应用该效果的音频素材上,并在"效果控件"面板中对其进行参数设置即可,如图 8.10.21 和图 8.10.22 所示。

图8.10.21

图8.10.22

8.10.11 用左侧填充右侧效果

"用左侧填充右侧"效果可以将左声道的音频信息复制到右声道中。

在"效果"面板中选择"音频效果"→"特殊效果"→"用左侧填充右侧"效果,将其拖至需要应用该效果的音频素材上,并在"效果控件"面板中对其进行参数设置即可,如图 8.10.23 和图 8.10.24 所示。

图8.10.23

图8.10.24

8.11 其他音频效果

8.11.1 立体声扩展器效果

"立体声扩展器"效果可以控制立体声的动态范围。在"效果"面板中选择"音频效果"→"立体声声像"→"立体声扩展器"效果,将其拖至需要应用该效果的音频素材上,并在"效果控件"面板中对其进行参数设置即可,如图8.11.1和图8.11.2所示。

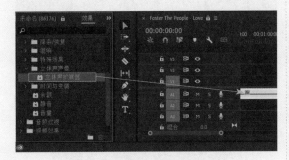

图8.11.1

图8.11.2

单击"编辑"按钮,自动弹出"剪辑效果编辑器 – 立体声扩展器"窗口,如图8.11.3所示。

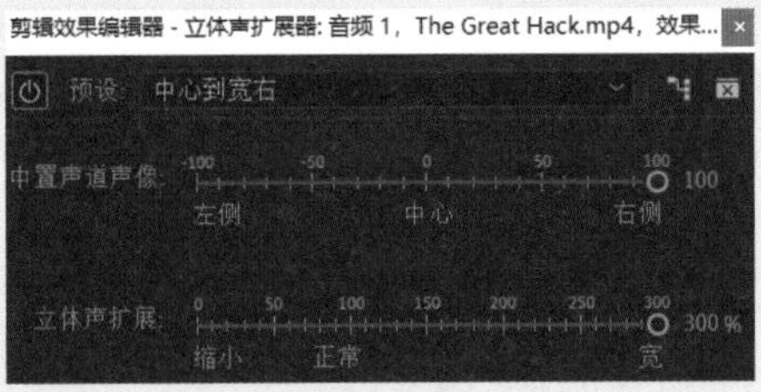

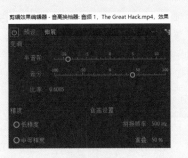

图8.11.3

中置声道声像:确定立体声声像的中心位置。

立体声扩展:数值为0时,反映的是未经处理的原始音频;数值为300时,即立体声最大扩展。

8.11.2 音高换档器效果

"音高换档器"效果可以将音效伸展,从而进行音频调整。在"效果"面板中选择"音频效果"→"时间与变调"→"音高换档器"效果,将其拖至需要应用该效果的音频素材上,并在"效果控件"面板中对其进行参数设置即可,如图8.11.4和图8.11.5所示。

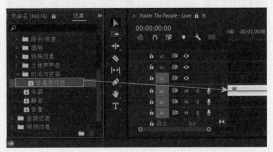

图8.11.4

图8.11.5

单击"编辑"按钮,自动弹出"剪辑效果编辑器 – 音高换档器"窗口,如图8.11.6所示。

图8.11.6

8.11.3 静音效果

"静音"效果可以将指定音频部分制作出消

音效果。在"效果"面板中选择"音频效果"→"静音"效果，将其拖至需要应用该效果的音频素材上，并在"效果控件"面板中对其进行参数设置即可，如图 8.11.7 和图 8.11.8 所示，主要控件的使用方法如下。

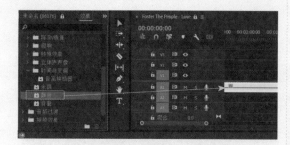

图8.11.7

图8.11.8

静音：将整段音频进行消音处理。

静音 1：将音频的左声道设置为静音。

静音 2：将音频的右声道设置为静音。

如果想在其他标准效果之前渲染音量，可以使用"音量"效果代替固定音量。正值为增加音量，负值为降低音量。在"效果"面板中选择"音频效果"→"静音"效果，将其拖至需要应用该效果的音频素材上，并在"效果控件"面板中对其进行参数设置即可，如图 8.11.9 和图 8.11.10 所示。

图8.11.9

图8.11.10

其中级别用于调整音量。

8.12　音频转场特效

音频转场特效是指通过在音频剪辑的头尾或者两个相邻音频之间添加一些音频过渡特效，该特效使音频产生淡入、淡出效果或者使音频与音频之间的衔接变得柔和、自然。Premiere Pro 为音频素材提供了简单的转场特效，存放在"音频过渡"文件夹中。

8.12.1　交叉淡化效果

在"效果"面板中展开"音频过渡"文件夹，在其中的"交叉淡化"文件夹中提供了"恒定功率""恒定增益""指数淡化"3 种音频转场特效，如图 8.12.1 所示。

1. 恒定功率

"恒定功率"音频转场特效用于以交叉淡化

的方式创建平滑渐变的过渡，与视频剪辑之间的溶解过渡类似。在"效果"面板中选择"音频过渡"文件夹，再选择"恒定功率"效果，将其拖至需要应用该效果的音频素材之间，如图 8.12.2 所示。

图8.12.1

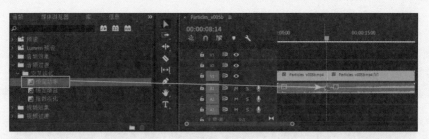

图8.12.2

"恒定功率"效果的参数面板如图 8.12.3 所示,主要控件的使用方法如下。

图8.12.3

对齐:可以调整第一段与第二段素材之间的转场特效。

2. 恒定增益

"恒定增益"音频转场特效用于以恒定速率改进音频进出的过渡。在"效果"面板中选择"音频过渡"文件夹,再选择"恒定增益"效果,将其拖至需要应用该效果的音频素材之间,如图 8.12.4 所示。

图8.12.4

"恒定增益"效果的参数面板如图 8.12.5 所示,主要控件的使用方法如下。

图8.12.5

对齐：可以调整第一段与第二段素材之间的转场特效。

3. 指数淡化

"指数淡化"音频转场特效是以指数方式自下而上地淡入音频。在"效果"面板中选择"音频过渡"文件夹，再选择"指数淡化"效果，将其拖至需要应用该效果的音频素材上，如图 8.12.6 所示。

图8.12.6

"指数淡化"效果的参数面板如图 8.12.7 所示。

图8.12.7

8.12.2 实例：实现音频的淡入淡出效果

下面以实例的方式具体介绍实现音频的淡入、淡出效果的方法。

01 启动 Premiere Pro ，打开项目文件，并添加相应的音频素材。

02 在"效果"面板中展开"音频过渡"文件夹，再展开"交叉淡化"子文件夹，选择"恒定增益"效果并将其拖至 A1 轨道中的音频素材最左端，如图 8.12.8 所示。

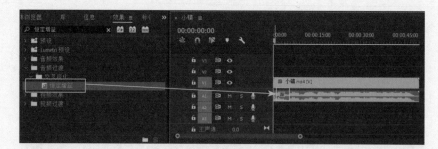

图8.12.8

03 在 A1 轨道上选择"恒定增益"效果，然后打开"效果控件"面板，将"持续时间"设置为

00:00:02:00，如图 8.12.9 所示。

图8.12.9

04 采用同样的方法，将"恒定增益"效果拖至 A1 轨道中的音频素材右端，如图 8.12.10 所示。

图8.12.10

05 在 A1 轨道上选择右侧的"恒定增益"效果，然后打开"效果控件"面板，将"持续时间"设置为 00:00:02:00，如图 8.12.11 所示。

图8.12.11

06 在 A1 轨道上的音频素材包括了两个音频转场特效，一个位于开始处对音频进行淡入，另一个位于结束处对音频进行淡出，如图 8.12.12 所示。

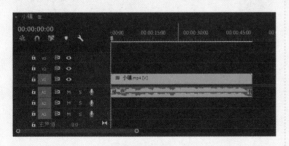

图8.12.12

8.12.3 实例：制作踩点视频

掌握了基本的音频技巧，下面来学习制作踩

点视频的方法。

01 启动 Premiere Pro，新建项目和序列。

02 执行"文件"→"导入"命令，在弹出的"导入"对话框中，选择需要导入的素材，单击"打开"按钮。

03 在"项目"面板中选择"电音 .mp3"素材，按住鼠标左键，将其拖入"项目"面板中，释放鼠标，如图 8.12.13 所示。

图8.12.13

04 将"电音 .mp3"素材拖至时间线上，如图 8.12.14 所示。

图8.12.14

05 使用"剃刀工具"在"时间线"面板00:00:21:04
处剪辑视频,只保留后面有电音的部分,如图
8.12.15所示。

图8.12.15

06 单击轨道任意空白区域,在弹出的快捷菜单中
选择"应用默认过渡"选项,如图8.12.16所示。

图8.12.16

07 准备开始踩点,按空格键播放音乐,在播放音
乐过程中,每当听到鼓点就快速按一下键盘上
的M键。完成操作后的时间线顶部有绿色的
标记,如图8.12.17所示。

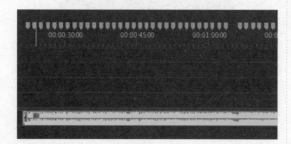

图8.12.17

08 将需要的图片素材导入"项目"面板中,如图
8.12.18所示。

图8.12.18

09 全选文件夹中的素材,执行"剪辑"→"自动
匹配序列"命令,如图8.12.19所示。

10 在打开的"序列自动化"面板中,将"放置"
设置为"在未编号标记",单击"确认"按钮,
如图8.12.20所示。

图8.12.19   图8.12.20

11 完成后即可看到图片素材与音频卡点成功,如
图8.12.21所示。

12 在"时间线"面板上选中所有图片素材,右击,
在弹出的快捷菜单中选择"缩放为帧大小"选
项,如图8.12.22所示。

图8.12.21

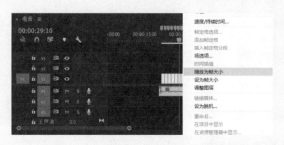

图8.12.22

13 在"节目监视器"中单击"播放"按钮▶预览视频的最终效果，如图 8.12.23 所示。

图8.12.23

第9章
遮罩与抠像

9.1 遮罩与抠像

在影视节目的后期制作中，对于令人炫目的视觉效果，特别是现实中无法实现的效果，则需要在后期制作过程中，通过视频遮罩技术来完成。利用视频效果中的合成技术，可以使一个场景中的人物出现在另一个场景中，从而得到那些无法通过拍摄来完成的视频画面。在本章中将详细介绍遮罩与抠像的基础知识和使用技巧，以帮助用户创建出能够让人感到奇特、炫目和惊叹的画面效果，如图9.1.1所示。

图9.1.1

9.1.1 抠像的概念

抠像是通过虚拟的方式，将背景进行特殊透明叠加的一种技术，抠像又是影视合成中常见的背景透明方法，它通过去除指定区域的颜色，使其透明来完成和其他素材的合成操作。叠加方式与抠像技术紧密相连，叠加类效果主要用于处理抠像效果，对素材进行动态跟踪和叠加各种不同的素材，是影视编辑与制作中常用的视频效果。

1. 蓝幕抠像

蓝幕抠像的抠像主体物背景为蓝色，且前景物体不可以包括蓝色，利用抠像技术抠除背景从而得到所需特殊效果。目前广泛应用于图像处理、虚拟演播室、影视制作等领域的后期处理中，也

是我国常用的方法。

2. 绿幕抠像

绿幕抠像与蓝幕相同，只是其背景为绿色，这种方法适用于欧美人拍摄，因为个别地区的欧美人眼球为蓝色，在蓝幕背景下进行抠像会损坏前景人物的图像，如图9.1.2所示。

图9.1.2

9.1.2 抠像前拍摄的注意事项

在 Premiere Pro 2022 中进行人像背景抠除，应该在拍摄抠像素材时尽量做到规范，这样会给后期工作节省很多时间，也会取得更好的画面质量。拍摄时需要注意如下几点。

（1）在拍摄素材之前，尽量选择颜色均匀、平整的绿色或蓝色背景布进行拍摄。

（2）要注意拍摄时的灯光照射方向应与最终合成的背景光线一致，避免穿帮。

（3）需要注意拍摄的角度，以便合成的效果更真实。

（4）尽量避免人物穿着与背景同色的绿色或蓝色服饰，以免这些颜色在后期抠像时被一并抠除。

9.1.3 键控遮罩

"键控"效果位于"效果"面板中，在"视频效果"中展开"键控"文件夹，即可看到所有的键控效果。Premiere Pro 2022 中"键控"文件夹中共有 9 种键控效果。在后文中，将介绍不同的键控效果的应用方法和技巧。

9.1.4 显示键控效果

显示键控效果的操作很简单，打开一个 Premiere Pro 项目，在"效果"面板中单击"视频效果"文件夹前面的小三角按钮，然后找到"键控"文件夹，单击该文件夹前面的小三角按钮，如图 9.1.3 所示。

图9.1.3

9.1.5 实例：应用键控特效

在 Premiere Pro 2022 中的"键控"效果组中包含几乎所有的抠像效果，主要用于隐藏多个重叠素材中顶层素材中的部分内容，从而在相应位置显现底层素材的画面，实现拼合素材的目的。应用键控特效的流程非常简单，下面将以实例的形式介绍具体的应用方法。

01 执行"文件"→"新建"→"项目"命令，弹出"新建项目"对话框，设置"名称"，接着单击"浏览"按钮设置保存路径，最后单击"确定"按钮，如图 9.1.4 所示。

02 在"项目"面板的空白处右击，在弹出的快捷菜单中选择"新建项目"→"序列"选项。在弹出的"新建序列"窗口中选择 DVPAL 文件夹下的"标准 48kHz"选项，如图 9.1.5 所示。

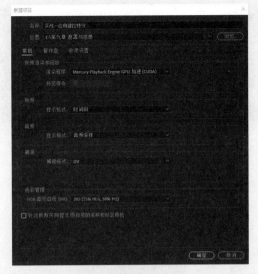

图9.1.4

图9.1.5

03 在"项目"面板中，右击并在弹出的快捷菜单中选择"导入"选项，在弹出的"导入"对话框中选择需要导入的素材，单击"打开"按钮，导入素材。

04 将"项目"面板中的"背景 .png"和"绿幕 .png"素材依次拖至"时间线"面板中的 V1、V2 轨道上，如图 9.1.6 所示。

05 选择 V2 轨道上的"绿幕 .png"素材，在"效果控件"面板中设置"位置"为（434.0，301.0），"缩放"值为 118.0，如图 9.1.7 所示。

图9.1.6

图9.1.8

图9.1.7

06 去除"绿幕.png"素材的绿色背景。在"效果"面板中搜索"颜色键"效果，然后按住鼠标左键将该效果拖至V2轨道的"绿幕.png"素材上，如图9.1.8所示。

07 选择V2轨道上的"绿幕.png"素材，在"效果控件"面板中打开"颜色键"效果，并设置"主要颜色"为绿色，"颜色容差"值为72。此时绿色背景被抠除，如图9.1.9和图9.1.10所示。

图9.1.9

图9.1.10

9.2 差异类遮罩效果

差异类遮罩效果不仅能够通过遮罩点来进行局部遮罩，而且还可以通过矢量图形、明暗关系等因素，来设置遮罩效果，例如亮度键、轨道遮罩键、差值遮罩等。

9.2.1 Alpha 调整

"Alpha 调整"效果可以对包括 Alpha 通道的图像创建透明区域，其应用效果对比，如图 9.2.1 和图 9.2.2 所示。

图9.2.1

图9.2.2

Alpha 通道是指一张图片的透明和半透明度。Premiere Pro 2022 能读取来自 Adobe Photoshop 和 3D 图像等软件中的 Alpha 通道，还能够将 Adobe Illustrator 文件中的不透明区域转换成 Alpha 通道。

下面介绍"Alpha 调整"效果的主要属性参数，如图 9.2.3 所示。

图9.2.3

不透明度：数值越小，图像越透明。

忽略 Alpha：选中该复选框，忽略 Alpha 通道。

反转 Alpha：选中该复选框，会将 Alpha 通道反转。

仅蒙版：选中该复选框，将只显示 Alpha 通道的蒙版，而不显示其中的图像。

9.2.2 亮度键

"亮度键"效果可以去除素材中较暗的图像区域，可以使用"阈值"和"屏蔽度"参数微调效果。其应用效果对比，如图 9.2.4 和图 9.2.5 所示。

图9.2.4　　　　　　　　图9.2.5

下面介绍"亮度键"效果的主要属性参数，如图 9.2.6 所示。

图9.2.6

阈值：单击数值并向右拖动，可以增加被去除的暗色范围。

屏蔽度：设置素材的屏蔽程度，该数值越大，图像越透明。

9.2.3 图像遮罩键

"图像遮罩键"效果主要用于为静态图像，尤其是图形创建透明区域。与遮罩黑色部分对应的图像区域是透明的，与遮罩白色区域对应的图像区域不透明，灰色区域创建混合效果。

在使用"图像遮罩键"效果时，需要在"效果控件"面板的效果属性中单击"设置"按钮，为其指定一张遮罩图像，这张图像将决定最终显示的效果。还可以使用素材的 Alpha 通道或亮度来创建复合效果，如图 9.2.7 和图 9.2.8 所示。

图9.2.7　　　　　　　　图9.2.8

下面介绍"图像遮罩键"效果的主要属性参数，如图 9.2.9 所示。

图9.2.9

合成使用：用于指定创建符合效果的遮罩方式，从下拉列表中可以选择"Alpha 遮罩"和"亮度遮罩"两个选项。

反向：选中该复选框，可以使遮罩反向。

9.2.4 差值遮罩

"差值遮罩"效果可以去除两个素材中相匹配的图像区域。是否使用"差值遮罩"效果取决于项目中使用何种素材，如果项目中的背景是静态的且位于运动素材之上，就需要使用"差值遮罩"效果将图像区域从静态素材中去掉，其应用效果对比，如图 9.2.10 和图 9.2.11 所示。

图9.2.10　　　　　　图9.2.11

下面介绍"差值遮罩"效果的主要属性参数，如图 9.2.12 所示。

图9.2.12

视图：用于设置显示视图的模式，从右侧下拉列表中可以选择"最终输出""仅限源"和"仅限遮罩"3 种模式。

差值图层：用于指定以哪个视频轨道中的素材作为差值图层。

如果图层：用于设置图层是否居中或者伸缩，以适合项目尺寸。

匹配容差：设置素材层的容差值，使其与另一素材相匹配。

匹配柔和度：用于设置素材的柔和程度。

差值前模糊：用于设置素材的模糊程度，其数值越大，素材越模糊。

9.2.5　轨道遮罩键

"轨道遮罩键"效果通过一个素材（叠加的素材）显示另一个素材（背景素材），此过程中使

用第三个素材作为遮罩，在叠加的素材中创建透明区域。此效果需要两个素材和一个遮罩，每个素材位于自身的轨道上。遮罩中的白色区域在叠加的素材中是不透明的，防止底层素材显示出来，遮罩中的黑色区域是透明的，而灰色区域是部分半透明的。

首先，分别将不同作用的素材添加到不同的 3 个轨道中。此时，由于视频轨道叠放顺序的原因，"节目监视器"面板中只显示顶层的素材画面，如图 9.2.13~ 图 9.2.16 所示。

图9.2.13　　　　　　图9.2.14

图9.2.15　　　　　　图9.2.16

下面介绍"轨道遮罩键"效果的主要属性参数，如图 9.2.17 所示。

图9.2.17

遮罩：在下拉列表中可以为素材指定遮罩。

合成方式：指定应用遮罩的方式，在右侧的下拉列表中可以选择"Alpha 遮罩"和"亮度遮罩"两种方式。

反向：选中该复选框，可以使遮罩反向。

9.3　颜色类遮罩效果

在 Premiere Pro 中，最常用的遮罩方式，是根据颜色来隐藏或显示局部画面。在"键控"效果组

中提供了用于颜色遮罩的"非红色键""颜色键"等颜色类遮罩效果。

9.3.1　非红色键

"非红色键"效果可以同时去除图像中蓝色或绿色背景，它包括两个混合模块，可以混合两个轨道的素材，其应用效果对比，如图9.3.1和图9.3.2所示。

图9.3.1　　　　　　　图9.3.2

下面介绍"非红色键"效果的主要属性参数，如图9.3.3所示。

图9.3.3

阈值：向左拖动数值会去除更多的绿色或蓝色区域。

屏蔽度：用于微调键控的屏蔽程度。

去边：可以从右侧的下拉列表中选择"无""绿色""蓝色"3种去边对象。

平滑：用于设置锯齿消除程度，通过混合像素颜色来平滑边缘。从右侧的下拉列表中可以选择"无""低"和"高"3种消除锯齿程度。

仅蒙版：选中该复选框，可以显示素材的Alpha通道。

9.3.2　颜色键

"颜色键"效果可以去掉素材图像中所指定颜色的像素，这种效果只会影响素材的Alpha通道，

其应用效果对比，如图9.3.4和图9.3.5所示。

图9.3.4　　　　　　　图9.3.5

下面介绍"颜色键"效果的主要属性参数，如图9.3.6所示。

图9.3.6

主要颜色：用于选择需要被键出的颜色。

颜色容差：用于设置素材的容差度，容差度越大，被键出的颜色区域越透明。

边缘细化：用于设置键出边缘的细化程度，其数值越小，边缘越粗糙。

羽化边缘：用于设置键出边缘的柔化程度，其数值越大，边缘越柔和。

9.3.3　移除遮罩

"移除遮罩"效果可以由Alpha通道创建透明区域，而这种Alpha通道是在红色、绿色、蓝色和Alpha通道的共同作用下产生的。"移除遮罩"效果通常用来去除黑色或者白色背景，尤其对于处理纯白或者纯黑背景的图像非常有用。

下面介绍"移除遮罩"效果的主要属性参数，如图9.3.7所示。

图9.3.7

遮罩类型：用于指定遮罩的类型，从右侧的下拉列表中可以选择"白色"和"黑色"两种类型。

9.3.4　超级键

"超级键"效果可以使用指定颜色或相似颜色调整图像的容差值来显示图像透明度，也可以使用它来修改图像的色彩显示，如图9.3.8和图9.3.9所示。

图9.3.8

图9.3.9

下面介绍"超级键"效果的主要属性参数，如图9.3.10所示。

输出：设置素材输出类型，包括"合成""Alpha通道""颜色通道"3种类型。

设置：设置抠像的类型，包括"默认""弱效""强效""自定义"。

主要颜色：设置透明颜色的针对对象。

遮罩生成：调整遮罩产生的方式，包括"透明度""高光""阴影""容差""基值"等。

遮罩清除：调整遮罩的清除类型，包括"抑制""柔化""对比度""中间点"等。

溢出抑制：调整对溢出色彩的抑制方式，包括"降低饱和度""范围""溢出""亮度"等。

颜色校正：调整对素材颜色的校正方式，包括"饱和度""色相""明亮度"等。

图9.3.10

9.4　实例：画面亮度抠像效果

下面以实例的方式介绍画面亮度抠像效果的应用方法。

01　执行"文件"→"新建"→"项目"命令，然后弹出"新建项目"对话框，设置"名称"，接着单击"浏览"按钮设置保存路径，最后单击"确定"按钮，如图9.4.1所示。

02　在"项目"面板的空白处右击，在弹出的快捷菜单中选择"新建项目"→"序列"选项。在弹出的"新建序列"窗口中选择DV-PAL文件夹中的"标准48kHz"，如图9.4.2所示。

03　在"项目"面板中，右击并在弹出的快捷菜单中选择"导入"选项，在弹出的"导入"对话框中选择需要导入的素材，单击"打开"按钮，导入素材。

图9.4.1

Premiere Pro 2022 短视频及视频编辑从新手到高手

图9.4.2

04　在"项目"面板中，选择"勺子.jpg"和"水
　　杯.jpg"图片素材，按住鼠标左键，分别将其
　　拖入"节目监视器"面板中的 V1、V2 轨道中，
　　如图 9.4.3 和图 9.4.4 所示。

图9.4.3

图9.4.4

05　在"时间线"面板中单击"切换轨道输出"按
　　钮 ◎ ，隐藏 V2 轨道中的素材，然后在"效果
　　控件"面板中设置素材"水杯.jpg"的"缩放"
　　值为 127.0，如图 9.4.5 和图 9.4.6 所示。

图9.4.5

图9.4.6

06　在"时间线"面板中单击"切换轨道输出"按
　　钮 ◎ ，显示 V2 轨道中的素材，然后在"效果
　　控件"面板设置"勺子.jpg"素材的"位置"
　　为（360.0,105.0），"缩放"值为 148，如图
　　9.4.7 和图 9.4.8 所示。

图9.4.7

图9.4.8

第9章　遮罩与抠像

07 在"效果"面板中打开"视频效果"文件夹，选择"亮度键"效果，将其拖至V2轨道中的"勺子.jpg"素材上，如图9.4.9所示。

图9.4.10

图9.4.9

08 选择"勺子.jpg"素材，在"效果控件"面板中设置"亮度键"效果属性中的"阈值"值为74.0%。"屏蔽度"值为0.0%，具体参数设置及最终实例效果如图9.4.10和图9.411所示。

图9.4.11

第10章
影片项目的渲染输出

10.1　基本概念

本章主要介绍项目输出的相关知识。通过对本章的学习，大家可以了解各种视频或者音频的输出方式，了解各种编码格式的设置选项，掌握常用的输出文件的方法。

在进行输出的过程中，经常会遇到一些关键词，如"码率""比特率""码流"等，这些词大部分都与视频输出的基本属性有关，下面就来简单介绍关于输出的一些基本概念，如图 10.1.1 所示。

图10.1.1

10.1.1　码率

"码率"是指视频文件在单位时间内使用的数据流量，也称为"码流率"，通俗理解就是"取样率"，是视频编码中画面质量控制中最重要的指标，一般用的单位是 KB/s 或者 MB/s。一般来说，在同样分辨率下，视频文件的码流越大，压缩比就越小，画面质量就越高。码流越大，说明单位时间内取样率越大，数据流、精度就越高，处理出来的文件就越接近原始文件，图像质量越好，画质越清晰，要求播放设备的解码能力也越高。当然，码流越大，文件体积也越大。

10.1.2　比特率

"比特率"是指每秒传送的比特（bit）数。单位为 bps（Bit Per Second），比特率越高，传送的数据量越大，如图 10.1.2 所示。

图10.1.2

VBR 是 Variable BitRate 的缩写，意思是可变比率，就是文件压制的时候元素较多，比率较高时，将自动减低压缩比特率，在比特率需求比较低时自动升高比特率，这样做的目的是在保证视频质量基本不被损害的情况下，增加文件在线播放时的速度，并减少在本机播放时所占的系统资源。

CBR 是 Constents BitRate 的缩写，即静态（恒定）比特率。CBR 是一种固定采样率的压缩方式，其优点是压缩快，能被大多数软件和设备支持，缺点是占用空间相对较大，效果不十分理想，现已逐步被 VBR 的方式取代。

10.1.3　码流

一个视频文件包括画面及声音，同一个视频文件音频和视频的比特率并不是一样的。而通常所说的一个视频文件的码流大小，一般是指视频文件中音频及视频信息码流的总和，如图 10.1.3 所示。

图10.1.3

10.1.4　采样率

采样率（也称为"采样速度"或者"采样频率"）定义了每秒从连续信号中提取并组成离散信号的采样个数，它用赫兹（Hz）来表示。采样率是指将模拟信号转换成数字信号时的采样频率，也就是单位时间内采样多少点。

10.1.5　帧速率

帧速率也称为 FPS（Frames Per Second，帧 / 秒）的缩写，是指每秒刷新的帧数，也可以理解为图形处理器每秒能够刷新几次。越高的帧速率可以得到更流畅、更逼真的动画效果。每秒帧数（FPS）越多，所显示的动作就会越流畅。

10.1.6　分辨率

分辨率是指图像的高 / 宽像素值，严格意义上的分辨率是指单位长度内的有效像素值（ppi）。通常，高分辨率视频在同样码率的情况下要比低分辨率视频清晰。

10.2　用 Premiere Pro 输出影片

视频剪辑项目完成后，就需要将影片输出。Premiere Pro 的输出功能非常强大，不仅可以直接输出 MOV、WMV 等格式文件，还可以通过 Adobe Media Encoder 转换视频格式。

10.2.1　输出类型

在"项目"窗口中单击目标序列，进入"文件"→"导出"子菜单，可以选择将项目输出成特定的文件形式，如图 10.2.1 所示，主要选项的使用方法如下。

媒体(M)...	Ctrl+M
动态图形模板(R)...	
磁带 (DV/HDV)(T)...	
磁带（串行设备）(S)...	
EDL...	
OMF...	
标记(M)...	
将选择项导出为 Premiere 项目(S)...	
AAF...	
Avid Log Exchange...	
Final Cut Pro XML...	

图10.2.1

媒体：将编辑好的项目输出为指定格式的媒体文件（包括图像、音频、视频等）。

动态图形模板：将项目中的一个或多个素材剪辑添加到批处理列表中，导出生成批处理列表文件，方便在编辑其他项目时快速导入同样的素材。

磁带：将项目文件直接渲染输出到磁带，需要先连接相应的 DV/HDV 等外部设备。

EDL：适用于视频轨道不超过一条、立体声音轨不超过两条，且没有嵌套序列的项目，将其的视频、音频输出为可编辑文件。

OMF：输出带有音频的 OMF 格式文件。

AAF：输出 AAF 格式文件。AAF 比 EDL 拥有更多的编辑数据，方便进行跨平台编辑。

Final Cut Pro XML：输出为 Apple Final Cut Pro（Mac OS 系统中的一款影视编辑软件）中可读取的 XML 格式。

10.2.2　基本工作界面

影片编辑制作的最后一个环节就是输出。在项目序列中完成了素材的装配和编辑后，如果对效果满意，就可以使用输出命令合成影片。下面介绍影片输出的工作参数，并学习影片输出的格式设置方法。

当处理完视频后，就可以对处理的视频进行输出了。首先选中要导出的序列，执行"文件"→"导出"→"媒体"命令，弹出"导出设置"对话框，如图 10.2.2 所示。

图10.2.2

在"导出设置"对话框中，左侧的视频预览区域，包括一个视频预览窗口，可在"源"和"输出"两个选项卡之间切换，左侧还提供了一个时间码显示区和时间线，可以导航到任何帧并设置入点和出点，以修剪导出视频的持续时间。"导出设置"对话框的右侧显示所有可用的导出设置，可以选择导出格式和预设、调整视频和音频编码设置、添加效果、隐藏字幕等。

10.3　视频预览

10.3.1　源视图

单击"源"选项卡的"裁剪"按钮 ⬚，此时就出现一个裁剪框，可以随意拖动剪裁框，调整所需输出的尺寸，也可以调整剪裁框距离四周的位置，对素材进行剪裁，如图 10.3.1 所示。

图10.3.1

10.3.2　输出视图

完成对画面的剪裁后，可以进入"输出"选项卡查看当前输出预览。"输出"选项卡可以显示当前导出设置的预览效果，如图 10.3.2 所示。

图10.3.2

在"输出"选项卡中的"源缩放"下拉列表，

用于调整源视频导出视频帧的方式，其中包括"缩放以适合""缩放以填充""拉伸以填充""缩放以适合黑色边框""更改输出大小以匹配源"5种方式，如图10.3.3所示。

图10.3.3

缩放以适合：此选项不会扭曲或剪裁视频，只会缩放源视频匹配输出帧，但可能会在视频的左右或上下添加黑条，如图10.3.4所示。

图10.3.4

缩放以填充：此选项会缩放源视频以完全填充输出视频，但可能会将源视频的上下或左右剪裁，如图10.3.5所示。

图10.3.5

拉伸以填充：此选项会伸缩源视频，可能会导致输出视频被扭曲，如图10.3.6所示。

图10.3.6

缩放以适合黑色边框：此选项会缩放源视频，在空白区域填充黑色边框，其不会拉伸视频，如图10.3.7所示。

图10.3.7

更改输出大小以匹配源：使用此选项可将输出视频帧大小自动设置为源视频帧的高度和宽度。

10.3.3　时间线和时间显示

时间线和时间码显示区位于"源"选项卡和"输出"选项卡的预览帧下方，主要包括指示当前帧的播放指示器、持续时间条和用于设置入点与出点的控件，如图10.3.8所示，主要组件的使用方法如下。

图10.3.8

设置入点和出点 ⚬⚬⚬：可以在"时间线"中设置"入点"和"出点"。将播放指示器移至"时间线"上的某一帧，然后单击"时间线"上方的"设置入点"或"设置出点"按钮，或者直接拖动"时间线"上"入点"或"出点"图标，视频的最终输出范围会显示为蓝色，如图10.3.9所示。

图10.3.9

缩放级别 ⚬⚬⚬：该下拉列表用于放大、缩小预览图像，可以通过选择百分比控制视图缩放的级别，如图10.3.10所示。

图10.3.10

长宽比校正 : 在输出时,该选项默认为启用,

在计算机上显示带有非方形像素长宽比的视频时,不会出现扭曲。要禁用此功能,可以再次单击该按钮。

源范围: 可以利用该选项设置导出视频的持续时间,如图 10.3.11 所示。

图10.3.11

※ 整个序列:使用源剪辑或序列的整个持续时间。

※ 序列切入 / 序列切出:输出剪辑和序列上设置的"入点"和"出点"区间。

※ 工作区域:输出合成中指定的工作区域。

※ 自定义:输出"导出设置"对话框中设置的"入点"和"出点"区间。

10.4 导出设置

"导出设置"区域主要用于修改项目的导出格式、保存路径和名称等,如图 10.4.1 所示,主要控件的使用方法如下。

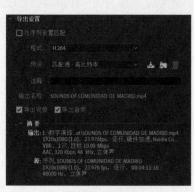

图10.4.1

与序列设置匹配:若选中该复选框,则采用与合成序列相同的视频属性进行导出。

格式:在该下拉列表中选择导出所生成的文件格式,选择不同的文件格式,下方也会显示不同的设置选项。

预设:在该下拉列表中,可以选择与所选导出文件格式相对应的预设。

注释:用于输入附加到导出文件中的文件信息注释,不会影响导出文件的内容。

输出名称:单击后方蓝色文字,会弹出"另存为"对话框,可以自行设定文件的保存目录及名称。

导出视频 / 导出音频:可以根据需求选中需要导出的选项。

摘要:显示目前所设置的选项信息,以及将要导出的文件格式、内容属性等信息。

压缩会降低影片的质量,但是同时能够降低影片的文件大小。因此,要求在压缩时做到文件尺寸和影片质量之间的平衡,在大幅度降低文件大小的同时还要保证影片的质量，想要高质量的视频就必须考虑视频的封装与编码问题。

10.4.1 封装格式

封装格式就是将编码压缩好的视频轨道和音频轨按照一定的格式放到一个文件中，常见的封装格式包括 avi、wmv、mp4、flv、rmvb、mkv、mov 等。

10.4.2 编码格式

所谓"编码方式"指通过压缩技术，将原始格式的文件转换成另一种格式文件的方式。视频流传输中最为重要的编解码标准有国际电联的 H.261、H.263、H.264，运动静止图像专家组的 M-JPEG 和国际标准化组织运动图像专家组的 MPEG 系列标准。此外，在互联网上被广泛应用的还有 Real-Networks 的 RealVideo、微软公司的 WMV 以及苹果公司的 QuickTime 等。音频常见的编码格式有 mp3、AAC、wma、DTS 等。之所以需要编码，是因为原始数据量太大，很难用作日常的加工和传播。编码主要分为有损与无损两种模式，无损的质量比有损的高，文件大小也相应较大，如图 10.4.2 所示。

图10.4.2

在导出设置区域，可以根据需要更改导出视频的格式以及常用的预设参数。这决定视频和音频多路传输所使用的流类型。文件格式的选择需要根据不同的需要来决定，同一个格式可以设置不同的参数。下面详细讲解这几个具有代表性的编码格式。

1. AVI

AVI 英文全称为 Audio Video Interleaved，即音频视频交错格式，是将语音和影像同步组合在一起的文件格式。它对视频文件采用一种有损压缩方式，支持 256 色和 RLE 压缩，是一种使用频率非常高的视频格式。

2. AVI（未压缩）

这是一种高位速率的媒体格式，文件扩展名为 .avi。采用这种格式进行输出，不对视频格式采用压缩编码方式，输出的视频质量非常高，该格式很少被采用，且仅适用于 Windows 版本的 Premiere Pro。

3. H.264

H.264/MPEG-4 AVC（H.264）是 1995 年自 MPEG-2 视频压缩标准发布后，最新、最有前途的视频压缩标准。文件扩展名为 .mp4。H.264 被普遍认为是最有影响力的行为标准，其最大的优点就是具有很高的数据压缩比率，在同等图像质量下，具有最高的压缩比。

4. H.265

H.265 是 ITU-T VCEG 继 H.264 之后所制定的新视频编码标准，文件扩展名为 .mp4。H.265 标准围绕着现有的视频编码标准 H.264，保留原来的某些技术，同时对一些相关的技术加以改进。H.264 由于算法优化，可以低于 1Mbps 的速度实现标清数字图像传送；H.265 则可以实现利用 1~2Mbps 的传输速度传送 720P 普通高清音视频。

5. GIF

GIF 文件格式为网络应用的图片格式，文件扩展名为 .gif。它的体积小，易于网络传播，但不包括音频，其仅适用于 Windows 版本的 Premiere Pro。

6. QuickTime

QuickTime 格式可以采用多种编码存储文件，所有 QuickTime 文件都使用 .mov 的扩展名，Mac 计算机上多使用该格式。

7. AAC 音频

AAC 音频格式，可以用 Advanced Audio Coding 编码（使用 H.264 编码方式进行音频编码）创建文件。

8. MPEG

MPEG 全称为 Moving Pictures Experts Group（动态图像专家组），它由 MPEG1、MPEG2、MPEG4 组成。

MPEG1：MPEG-1 用于传输 1.5Mbps 数据传输率的数字存储媒体运动图像及其伴音的编码。经过 MPEG-1 标准压缩后，视频数据压缩率为 1/100~1/200，音频压缩率为 1/6.5。

MPEG2：这种较老的文件格式主要用于 DVD 和蓝光光盘。该文件能够在计算机上播放，但 H.264 格式创建的文件通常质量较高并且文件尺寸较大。

MPEG4：选择这种编码格式创建低质量的 H.263 3GP 文件，用于发送到老式移动电话上。它的标准是超低码率运动图像和语言的压缩标准，用于传输率低于 164kbps 的实时图像传输，它不仅可以覆盖低频带，也向高频带发展。

9. WMV

WMV（Windows Media）是微软公司开发的一系列视频编解码和其相关的视频编码格式的统称，是 Windows 媒体框架的一部分。WMV 包括 3 种不同的编解码：最初为 Internet 上的流应用而设计开发的 WMV 原始的视频压缩技术、为满足特定内容需要的 WMV 屏幕和 WMV 图像的压缩技术、在经过 SMPTE 学会标准化以后，WMV 版本 9 被采纳作为物理介质的发布格式，例如，高清 DVD 和蓝光光盘。

微软公司也开发了一种称为 ASF 的数字容器

格式，用来保存 WMV 的视频编码。在同等视频质量下，WMV 格式的文件可以边下载边播放，因此很适合在网上播放和传输。

10.4.3 设置位置与名称

在选择好输出编码格式后，即可为导出视频设置保存路径并重命名，单击"输出名称"后的蓝色文字，会弹出"另存为"对话框，可以自行设置参数，最后单击"保存"按钮即可，如图 10.4.3 和图 10.4.4 所示。

图10.4.3

图10.4.4

根据项目具体需要，如果仅需要输出视频文件或仅需要输出音频文件，可以选中相应复选框，如图 10.4.5 所示。

图10.4.5

10.5 效果设置

"效果"选项卡中的设置可以为导出视频添加各种效果，例如 Lumetri Look/LUT、SDR 遵从情况、图像叠加、名称叠加等。用户可以在"输出"选项卡中预览最终效果，如图 10.5.1 所示。

图10.5.1

用户可以根据需要选择不同的颜色等级，并应用到导出的视频中，也可以导入本地 LUT 文件，如图 10.5.2 所示。

图10.5.2

10.5.2　SDR 遵从情况

可以对输出视频的亮度、对比度、软阈值进行调整，其中"软阈值"主要是转为完全压缩模式的过渡以避免出现硬剪切，如图 10.5.3 所示。

图10.5.3

10.5.3　图像叠加

"图像叠加"功能可以为导出视频添加叠加图像，如图 10.5.4~ 图 10.5.6 所示，主要控件使用方法如下。

图10.5.4

图10.5.5

图10.5.6

已应用：浏览并选择要叠加的图像。

位置：设置图像叠加在输出帧内的相对位置。

偏移：为图像叠加指定相对偏移距离。

大小：调整图像的大小。

绝对大小：选中该复选框，将图像叠加的大小与源图像的原生大小相关联。选中后，图像叠加将在输出分辨率较高时显示得更小，在输出分辨率较低时显示得更大。

不透明度：调整叠加图像的不透明度。

10.5.4　名称叠加

"名称叠加"功能可以为输出视频添加文本，如图 10.5.7~ 图 10.5.9 所示，主要控件使用方法如下。

图10.5.7

图10.5.8

图10.5.9

前缀：添加开头位置的文本。

格式：显示用于叠加文本的选项。

后缀：添加结尾位置的文本。

位置：设置在输出帧内的相对位置。

偏移（X，Y）：指定叠加文字的水平和垂直偏移。

大小：设置文本的大小。

不透明度：指定文本背景的不透明度。

10.5.5　时间码叠加

"时间码叠加"功能可以为导出视频添加时间码，如图 10.5.10~ 图 10.5.13 所示。

图10.5.10

图10.5.11

图10.5.12

图10.5.13

位置：设置时间码在输出帧内的相对位置。

偏移（X，Y）：指定时间码在输出帧内的水平和垂直偏移。

大小：调整时间码的大小。

时间源：指定如何生成时间码。

※ 媒体文件：从源媒体读取时间码。如果未检测到源媒体，时间码叠加从零开始，并与源帧速率匹配。

※ 生成时间码：叠加自定义时间码。

格式：为时间码选择"每秒帧数"的单位。

开始时间：设置时间码的起始值。

10.5.6 时间协调器

"时间协调器"功能通过复制或删除某些部分的帧，以自动延长或缩短视频的长度，如图 10.5.14 所示，主要控件的使用方法如下。

图10.5.14

当前持续时间：显示源视频的持续时间。

目标持续时间：显示应用效果后导出视频的持续时间。

持续时间更改：控制输出持续时间与源持续时间之间的差距。

预设内使用：确定对其他源应用预设后，如何调整持续时间。

跳过编号板：选中该复选框，可以让时间调谐器忽略所有 10 秒以上的静止图像序列。

10.5.7 视频限幅器

"视频限幅器"功能限制源文件的明亮度和颜色值，确保处于安全广播限制范围内，如图 10.5.15 所示，主要控件的使用方法如下。

图10.5.15

剪辑层级：指定输出范围。

剪切前压缩：使用规定色彩导入范围的软阈值，而不是进行硬剪切。

响度标准化：确保视频和音频项目符合响度广播标准，如图 10.5.16 所示。

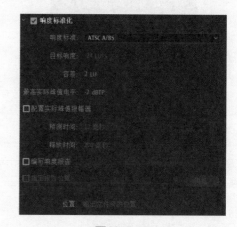

图10.5.16

10.6 视频设置

"视频"选项卡中的选项用于调整帧尺寸、帧速率、场序以及配置参数等，它们的默认值基于所选的预设。视频设置会根据所选导出格式而不同，这里以 H.264 为例对不同参数进行分析，如图 10.6.1 所示。

图10.6.1

素，而 NTSC 和 PAL 等模拟格式则通常使用矩形像素。

以最大深度渲染：选中此复选框，会提高视频的质量，但同时文件也会随之变大，所需时间也会更久。

10.6.1　基本视频设置

"基本视频设置"选项如图 10.6.2 所示。主要控件的使用方法如下。

图10.6.2

匹配源：单击该按钮，将导出设置与源视频相匹配。

宽度：设置输出视频的宽度。

高度：设置输出视频的高度。

值得一提的是，如需修改宽度和高度，只需将后方的复选框取消选中即可，如图 10.6.3 所示。

图10.6.3

帧速率：视频每秒显示的帧数量，帧数越高视频越流畅。

场序：导出文件使用逐行或隔行扫描场。逐行主要应用于数字电视、在线内容、电影等；隔行扫描可以选择"高场优先"或"低场优先"选项，以设置隔行扫描场的显示顺序。

长宽比：设置单个视频像素的宽高比。HD、4K UHD 和 8K 等数字视频格式通常使用方形像

10.6.2　编码设置

"编码设置"选项如图 10.6.4 所示，主要控件的使用方法如下。

图10.6.4

性能：默认选中"硬件加速"选项，可以使用系统的可用硬件来加快编码速度。若系统硬件不支持，则自动切换到"仅限软件"。

配置文件：常用的配置文件如下。

※　基线：需要快速解码的视频会议和类似设备使用的最简单配置文件。

※　主要：主要用于 SD 广播。

※　高：适用于大多数高清设备的配置文件。

※　高 10：支持 10 位解码的高配置文件。

级别：级别的设置越高，支持的视频分辨率越大。

Rec2020 基色：选中该复选框，使用 UHD 格式（例如 4K 和 8K）支持的 Rec 和 UHD 格式支持的 2020 色彩空间。当配置文件设置为"高 10"时可用。

高动态范围：选中该复选框，当启用"Rec."2020 基色"时可用。使用高动态范围导出，这种设置的白色较亮且黑色较暗，适用于较高位深度下保留细节。

包括 HDR10 元数据：选中该复选框，此元数据向 HDR 播放设备提供有关内容的详细信息。

10.6.3　管理显示色域体积

"管理显示色域体积"选项如图 10.6.5 所示，主要控件的使用方法如下。

图10.6.5

基色：设置对内容进行分级时使用的 HDR 显示器色域。通过读取显示器的技术规格可获取此值，可选值包括：Rec.709、P3D65（默认）、Rec.2020。

明亮度最小值：设置对内容进行分级时使用的 HDR 显示器最小可行明亮度。

明亮度最大值：设置对内容进行分级时使用的 HDR 显示器最大可行明亮度。

10.6.4　比特率设置

"比特率"是一种数字多媒体压缩效率的参考指标，表示记录数字多媒体数据每秒所需的平均比特值，通常以 kbps 为单位。简单来说，数值越大音质越好。比特率这个词有多种解释，例如码率等，表示经过编码（压缩）后的音频数据每秒需要用多少个比特来表示。比特率与音频压缩的关系，简单来说就是比特率越高音质就越好，但编码后的文件也会相应变大。选择码率主要取决于不同平台的码率指南。目前，效果最好的平台是 Vimeo，其支持 4K。"比特率设置"选项如图 10.6.6 所示，主要控件的使用方法如下。

图10.6.6

比特率编码：选择压缩视频 / 音频信号的编码模式。

※　CBR（恒定比特率）：为数据速率设置常数。此选项可缩短导出时间，但可能会影响帧的质量。

※　VBR（可变比特率）：根据视频 / 音频信号的复杂性，动态调整数据速率。使用此选项能以较小的文件，实现较高的视频质量，但可能会增加导出时间。

※　"VBR 1 次"和"VBR 2 次"："VBR 1 次"编码计算可变比特率和"VBR 2 次"编码会进行两次分析计算。"VBR 2 次"会延长编码时间，但可确保更高的编码效率，可以生成更高品质的视频。

目标比特率 [Mbps]：设置编码文件所要得到的比特率目标值，该值小于最大比特率。

最大比特率 [Mbps]：设置编码文件的最大比特率。值越大，质量越高，但对编码器的要求也越高。

10.6.5　高级设置

"高级设置"选项如图 10.6.7 所示，主要控件的使用方法如下。

图10.6.7

关键帧距离：选中该复选框可设定在导出视频中插入关键帧（又称 I 帧）的频率。使用较小的关键帧值可以获得较高的视频质量，但可能会增加文件的大小。

10.6.6　VR 视频

"VR 视频"选项如图 10.6.8 所示，主要控件的使用方法如下。

Premiere Pro 2022 短视频及视频编辑从新手到高手

图10.6.8

视频为 VR：选中该复选框，导出 360°素材。利用 VR 360 可编辑球面投影和双球面格式，素材类别包括"单像"和"立体"。

水平视角：设置 VR 视频的水平视角范围。

垂直视角：设置 VR 视频的垂直视角范围。

10.7 音频设置

"音频设置"选项卡中的选项用于对目前所选导出文件的音频属性进行设置，包括音频编解码器类型、采样率、声道格式等，对于某些格式，还允许调整编解码器。它们的默认值基于所选择的预设，如图 10.7.1 所示。

图10.7.1

10.7.1 音频格式设置

"音频格式设置"选项如图 10.7.2 所示，主要的控件使用方法如下。

图10.7.2

音频格式：设置音频格式，默认为 AAC。

10.7.2 基本音频设置

"基本音频设置"选项如图 10.7.3 所示，主要的控件使用方法如下。

图10.7.3

音频编解码器：指定音频压缩编解码器。

采样率：将音频转换为离散数字值的频率，以较高采样率录制的音频其音质较好，但文件较大。

声道：指定导出文件中包括的音频声道数。如果选择的声道数少于序列或媒体文件的主轨道声道数，则会缩混音频。

10.7.3 比特率设置

"比特率设置"选项如图 10.7.4 所示，主要的控件使用方法如下。

图10.7.4

比特率 [kbps]：指定音频的输出比特率，比特率越高品质越高，文件也会越大。

10.8 其他设置

10.8.1 多路复用器

H.264、HEVC（H.265）和 MPEG 等格式包括"多路复用器"选项卡，可用于控制如何将视频和音频数据合并到单个流中。当"多路复用器"设置为"无"时，视频和音频流将分别导出单独的文件，如图 10.8.1 所示。

图10.8.1

10.8.2 字幕

"字幕"选项如图 10.8.2 所示，主要的控件使用方法如下。

图10.8.2

导出选项：其中包括无、创建 Sidecar 文件、将字幕录制到视频三种模式。在"无"模式下字幕将隐藏显示，仅导出视频和音频。在"将字幕录制到视频"模式下，字幕将嵌在视频文件中合并输出。

10.8.3 发布

使用"发布"选项卡，如图 10.8.3 所示，可以将导出的视频文件上传到不同的社交媒体平台，其提供了一个系统预设列表供用户选择。可以将文件上传到的目标平台包括 Adobe Creative Cloud、Adobe Stock、Behance、Facebook 等。

图10.8.3

FTP 选项区主要用于指定 FTP 服务器，以便在完成编码后上传导出的视频。如果需要启用该功能，需要根据 FTP 管理员提供的 FTP 参数进行填写。

10.8.4 渲染和时间插值设置

渲染和时间插值设置区域的主要控件使用方法如下。

使用最高渲染质量：选中该复选框，可以提高视频质量，但导出时间可能会相应增加。值得注意的是，此复选框仅适用于导出帧与源媒体大小不同的情况。若"渲染器"设置为 Metal、CUDA 或 OpenCL，系统会自动使用最高渲染质量，无须选中该复选框。

使用预览：选中该复选框，可以启用对输出后序列图像的效果预览。

使用代理：选中该复选框，用于在编辑和导出时提高性能。

设置开始时间码：选中该复选框，可以为导出的媒体指定不同于源时间码的开始时间。取消选中该复选框，将在导出时使用源媒体的时间码。

仅渲染 Alpha 通道：该复选框适用于含有 Alpha 通道的源。选中该复选框，仅渲染 Alpha

通道，而"输出"选项卡中会显示 Alpha 通道的灰度预览。

时间插值：当导出媒体的帧速率与源媒体不同时，将使用时间插值，具体选项如下。

※ 帧采样：复制或删除帧，以达到所需的帧速率，其可能会导致视频出现不连贯或抖动的现象。

※ 帧混合：通过将帧与相邻帧混合来添加或删除帧。

※ 光流法：通过插入周围帧中像素的运动来添加或删除帧。使用此选项通常可生成最平滑的视频效果，但如果帧之间存在显着差异，则可能会出现伪影。

元数据：元数据是有关文件的一组说明性信息。视频和音频文件自动包括基本元数据属性，如日期、持续时间和文件类型等。使用"元数据"对话框，可以在 Adobe 视频和音频应用程序中共享有关资源。与仅限于一个应用程序的"项目"或"文件"面板的常规剪辑属性不同，元数据属性嵌入在源文件中，因此这些数据自动显示在其他应用程序中，如图 10.8.4 所示。

图10.8.4

10.9 用 Adobe Media Encoder 输出影片

Adobe Media Encoder 是一款独立的应用程序，它可以独立运行，也可以通过 Adobe Premiere Pro 启动。Adobe Media Encoder 作为 Adobe Premiere Pro 的组件，用于对视频进行编码输出处理，将 Adobe Premiere Pro 的时间序列、Adobe After Effects 的合成直接编码为视频格式进行输出，其可以将素材或时间线上的成品序列编码输出为 MPEG、MOV、WMV、QuickTime 等格式的音视频媒体文件。

10.9.1 Adobe Media Encoder 界面

Adobe Media Encoder 可以将视频导出为 MPEG 格式。它是 Premiere Pro 的编码输出终端，为视频提供了高质量的 MPEG 文件输出功能。在 Premiere Pro 中调用时，执行"导出"→"媒体"命令，在弹出的"导出设置"对话框中单击"队列"按钮，如图 10.9.1 所示。此时，Adobe Media Encoder 将把导出任务添加到其队列中，其主界面如图 10.9.2 所示，具体使用方法如下。

图10.9.1

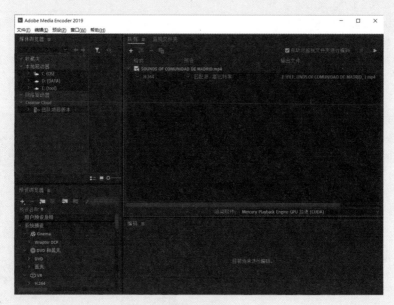

图10.9.2

1. 编码面板

"编码"面板提供了有关每个编码项目的状态信息。当同时有多个输出时，"编码"面板将显示每个编码输出的缩略图、进度条和估算完成时间。

2. 队列面板

该面板列出了待渲染输出的文件，主要用来查看和管理导出队列。此外，还可以对队列进行调整。

3. 预设浏览器

可以使用软件提供的预设，这些预设基于其使用途径（如广播、网络视频）和设备目标（如DVD、蓝光光盘、摄像头、绘图板）进行分类。

4. 监视文件夹

可以添加监视文件夹，该文件夹中的所有文件都将根据所选预设进行编码输出。

10.9.2 对影片进行编辑

对于旧版的 Adobe Media Encoder，新的版本不仅可以独立运行，还提供了更多格式和强大的编码文件管理与导出功能。

接下来详细介绍 Adobe Media Encoder 编辑视频的方法。

单击 Adobe Media Encoder 的主界面内的"添加"按钮，为 Adobe Media Encoder 添加媒体文件，在弹出的对话框中添加要转换的媒体文件。

在 Adobe Media Encoder 主界面中，执行"文件"→"添加 Premiere Pro 序列"命令，在弹出的"导入 Premiere Pro 序列"对话框中选择需要导出的序列。

对媒体文件进行批量输出的时候，执行"编辑"→"路过所选项目"命令，即可跳过导出文件命令。执行"文件"→"创建监视文件夹"命令，在弹出的对话框中选择或新建监视文件夹，如图10.9.3 所示。

图10.9.3

创建完成后，Adobe Media Encoder 会自动对监视文件夹内的素材文件进行查找和对文件进行重新编码输出。确保无误后，单击"选择文件夹"按钮即可。

图10.9.4

创建监视文件夹后，接下来就是关于文件编码格式、预设、输出位置的调整。在 Adobe Media Encoder 的参数设置区域单击相应下拉列表，可以选择不同的编码格式与相应预设，单击右侧的蓝色文字，即可修改文件的导出路径及名称，如图 10.9.4 所示。

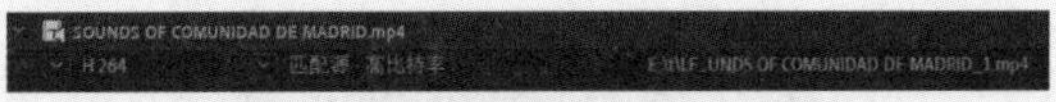

对音频和视频的参数输出设置完成后，单击"开始队列"按钮，即可对影片进行渲染输出，如图 10.9.5 所示。

图10.9.5

10.10 导出 Bilibili 网站标准格式视频

在实际项目中，用户经常需要将视频上传视频网站，为了避免二次压缩影响视频质量，可以直接在 Premiere Pro 中导出符合网站标准的素材，从而减少对最终效果的影响。然而每个视频网站的格式需求也不尽相同，这里将以 Bilibili 网站网站为例，讲述视频导出的具体操作步骤。

如图 10.10.1 所示为该网站对于视频大小的要求。

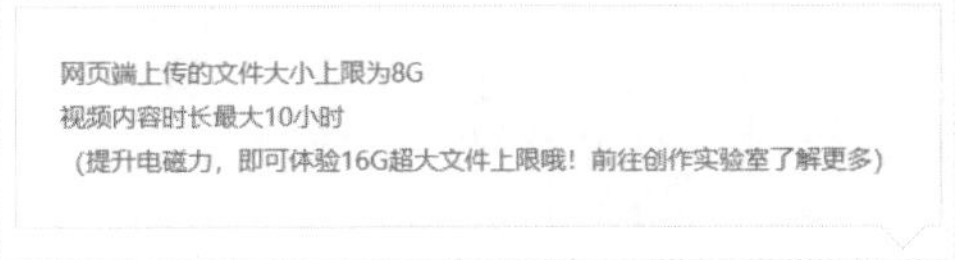

网页端上传的文件大小上限为8G
视频内容时长最大10小时
（提升电磁力，即可体验16G超大文件上传哦！前往创作实验室了解更多）

图10.10.1

如图 10.10.2 所示为该网站对于视频格式的要求。

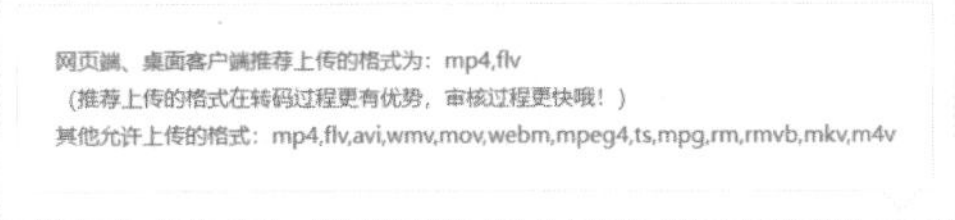

网页端、桌面客户端推荐上传的格式为：mp4,flv
（推荐上传的格式在转码过程更有优势，审核过程更快哦！）
其他允许上传的格式：mp4,flv,avi,wmv,mov,webm,mpeg4,ts,mpg,rm,rmvb,mkv,m4v

图10.10.2

如图 10.10.3 所示为该网站对于视频码率的要求。

在用户对视频编辑完成后，执行"文件"→"导出"→"媒体"命令，弹出"导出设置"对话框，如图 10.10.4 所示。

视频码率建议20000kbps（H264/AVC编码）
视频峰值码率建议不超过60000kbps
音频码率最高320kbps（AAC编码）
分辨率最大支持4096x4096 120fps
关键帧平均至少10秒一个
色彩空间yuv420
SDR位深8bit
HDR位深10bit
智能识别输出HDR
声道数≤2
采样率=48000
逐行扫描
智能识别全景视频

图10.10.3

图10.10.4

在"导出设置"区域，将视频编码"格式"改为 H.264，"预设"选择"匹配源－高比特率"，如图 10.10.5 所示。

图10.10.5

在"基本视频设置"选项区，将视频尺寸解除链接，设置"帧速率"值为30，如图10.10.6所示。

图10.10.6

在"比特率设置"选项区，将"比特率编码"改为"VBR，1次"，"目标比特率[Mbps]"改为5.9，如图10.10.7所示。

图10.10.7

将"音频格式"设置为ACC，"音频编解码器"改为ACC，"采样率"改为44100Hz，"比特率[Mbps]"设置为320，如图10.10.8所示。

图10.10.8

设置完参数后即可保存该预设，以便后续直接调用。单击"保存预设"按钮，弹出"选择名称"对话框，设置名称后单击"确定"按钮，如图10.10.9和图10.10.10所示。

图10.10.9

图10.10.10

如需再次使用该预设，只需在"预设"下拉列表中选择即可，如图10.10.11所示。

图10.10.11

第11章
综合实例

11.1　动态图形模板图形替换功能

全新动态图形模板功能支持向 Premiere Pro 2022 编辑器提供 After Effects 动态图形的功能，其打包为具有易用控件的模板，专为在 Premiere Pro 2022 中自定义而设计，还可以使用 Premiere Pro 2022 的"类型"和"形状"工具创建新的字幕和图形，并导出为动态图形模板，供以后重复使用或分享，最终效果如图 11.1.1 所示，具体的操作步骤如下。

图11.1.1

01　启动 Premiere Pro 2022，单击"新建项目"按钮。在弹出的"新建项目"对话框中，输入项目名称为"图形模板"，并单击"位置"后面的"浏览"按钮，在弹出的对话框中设置项目的存储位置，其他保持默认设置即可，单击"确定"按钮，如图 11.1.2 所示。

图11.1.2

02　执行"文件"→"导入"命令，或者在"项目"窗口中的空白位置右击并选择"导入"选项，在弹出的"导入"对话框中展开素材保存的路径，选中需要导入的素材，单击"打开"按钮，即可将所选的素材导入"项目"窗口。或者直接在文件夹中将需要导入的一个或多个文件选中，直接拖至"项目"窗口中，即可快速完成指定素材的导入操作，如图 11.1.3 和图 11.1.4 所示。

图11.1.3

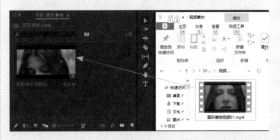

图11.1.4

03 执行"窗口"→"基本图形"命令,打开"基本图形"面板。在"基本图形"面板中可以直接在"浏览"选项卡中调用设计好的图形模板,或者在"编辑"选项卡中修改视频中文字、视频、图片素材的基本参数,如图 11.1.5 所示。

04 导入外部图形模板文件。导入图形模板文件与导入素材的方式不同,单击"基本图形"面板右下方的 按钮,弹出"打开"对话框,选中相应的图形模板文件后单击"打开"按钮,即可将图形模板文件导入。导入"基本图形"面板文件后,"基本图形"面板会显示相应文件。本例将直接调用软件自带的图形模板,如图 11.1.6 所示。

图11.1.7

06 展开"设置"选项卡,在"编辑模式"下拉列表中选择"自定义"选项,然后设置"时基"值为 25.00 帧 / 秒。在"新建序列"对话框中单击"确定"按钮后,即可在"项目"窗口中查看新建的序列,如图 11.1.8 所示。

图11.1.5

图11.1.6

图11.1.8

07 完成上述准备工作后,接下来开始进行合成序列的编辑。将图形模板文件加入序列的"时间线"面板,对它们在影片中出现的时间及显示的位置进行编排。进入"基本图形"面板的"浏览"选项卡,选中"游戏徽标循环"图形模板,如图 11.1.9 所示。

08 将"项目"窗口中的"游戏徽标循环"图形模板拖至"时间线"面板中的 V1 轨道上的开始位置。释放鼠标后,弹出"剪辑不匹配警告"对话框,单击"更改序列设置"按钮即可修改合成大小以匹配图形模板尺寸,如图 11.1.10

05 导入相应素材后,进行序列的建立与设置。执行"文件"→"新建"→"序列"命令或按快捷键 Ctrl+N,弹出"新建序列"对话框,在"可用预设"列表中展开DV-PAL文件夹并选中"标准 48kHz"类型,如图 11.1.7 所示。

所示。拖动鼠标向时间线起点位置移动，即可将其入点对齐到 00:00:00:00 的位置，如图11.1.11 所示。

时监视器的内容如图 11.1.14 所示。

图11.1.9

图11.1.10

图11.1.11

图11.1.12

图11.1.13

图11.1.14

09 完成上述操作后，选中 V1 轨道中的"游戏徽标循环"素材，进入"基本图形"面板的"编辑"选项卡，修改相应的参数。例如，文本内容、图形颜色、视频素材等，如图 11.1.12 所示。

10 修改文字内容。进入"标题"文本框，设置标题内容为 Premiere Pro。进入"字幕"文本框，设置标题内容为 2022，如图 11.1.13 所示。此

11 修改标题框颜色，单击颜色框或 ■ 按钮吸取颜色，弹出"拾色器"对话框，修改相应位置的颜色。主颜色的参数为 000000，高光颜色的参数为 FFFFFF，如图 11.1.15~图 11.1.17 所示。

第二章 综合实例

图11.1.15

图11.1.16

图11.1.17

12 为了使动画效果更加流畅、自然，可以对动画的运动速度进行调节。单击 ◯ 按钮进行左右移动即可调整参数。在本例中保留默认参数即可，无须修改参数，如图11.1.18所示。

图11.1.18

13 项目中无须对画面进行水平翻转和垂直翻转，所以保持默认状态即可，如图11.1.19所示。

图11.1.19

14 "设置样式"区域主要用于调整背景的整体颜色，可以单击色块或直接单击"吸管"按钮 ✐ ，在弹出的"拾色器"对话框中修改颜色参数，主颜色为131313，次颜色为F2443B，标题颜色为FC925E，字幕颜色为826FBF，如图11.1.20和图11.1.21所示。

图11.1.20　　　　图11.1.21

15 "模糊度"区域主要用于调整背景的整体模糊程度，数值越大背景越模糊，如图11.1.22所示。

16 进入"基本图形"面板的"浏览"选项卡，选中"游戏过渡"图形模板，如图11.1.23所示。

图11.1.22　　　　图11.1.23

17 将"基本图形"中的"游戏过渡"图形模板拖至"时间线"面板中的V1轨道上。拖动鼠标向"游戏徽标循环"图形模板尾部移动，释放鼠标后即可将其入点对齐到上一个图形模板的结束位置，如图11.1.24所示。

18 完成上述操作后，选中V1轨道中的"游戏过渡"素材，进入"基本图形"面板的"编辑"选项卡修改相应的参数，如图11.1.25所示。

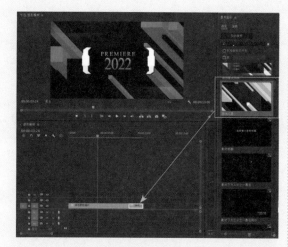

图11.1.24

19 单击色块或 ✎ 按钮，弹出"拾色器"对话框，修改相应位置的颜色。主颜色参数为 F2443B，次颜色参数为 D92D24，如图 11.1.26 所示。

图11.1.25　　　　图11.1.26

20 选中 V1 轨道中的"游戏轨道"图形模板，将其垂直移至 V2 轨道上，如图 11.1.27 和图 11.1.28 所示。

图11.1.27

图11.1.28

21 导入素材视频。选中"项目"面板中的"图形模板视频 01"，将其拖入 V1 轨道中，并向时间线前端移动，如图 11.1.29 所示。

图11.1.29

22 为了使视频过渡得更加流畅，为视频添加适当转场特效。执行"窗口"→"交叉溶解"→"效果"命令，打开"效果"面板搜索"交叉溶解"效果，如图 11.1.30 所示。

图11.1.30

23 将"交叉溶解"转场特效拖至"时间线"面板中"图像模板视频 01"的前端，释放鼠标即可添加转场特效，如图 11.1.31 所示。

图11.1.31

24 在"时间线"面板或"节目监视器"窗口中，将播放头指针定位到需要开始预览的位置，然后单击"节目监视器"窗口中的"播放／停止切换"按钮▶或按下键盘上的空格键，对编辑完成的影片进行预览，如图 11.1.32 和图 11.1.33 所示。

图11.1.32

图11.1.33

25 执行"文件"→"保存"命令或按快捷键 Ctrl+S，对编辑好的项目文件进行保存。

11.2 分屏特效

在 Premiere Pro 2022 中，为了制作更加丰富的视频效果，用户可以同时将多个视频内容在一个场景中出现，实现视频的分屏效果，如图 11.2.1 所示，具体的操作步骤如下。

图11.2.1

01 启动 Premiere Pro 2022，单击"新建项目"按钮。在弹出的"新建项目"对话框中，输入项目名称为"分屏"并设置项目的存储位置，单击"确定"按钮，如图 11.2.2 所示。

图11.2.2

02 导入素材文件。在"项目"窗口的空白处双击，弹出"导入"对话框，选择素材视频文件并导入，或者可以直接将素材"分屏视频 01.mp4"拖入"项目"面板中，如图 11.2.3 所示。

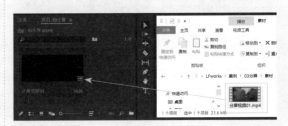

图11.2.3

03 新建合成。打开"项目"面板，选中素材"分屏视频 01.mp4"并将其拖入时间线，即可快速为项目新建一个和素材视频尺寸相同的合成"分屏视频 01"，如图 11.2.4 所示。

图11.2.4

04 重命名合成。打开"项目"面板，右击"分屏视频"合成，在弹出的快捷菜单中选择"重命名"选项，设置合成名称为"分屏"，如图 11.2.5 所示。

图11.2.5

05 根据需要修剪出 3 段视频段落。单击"工具"面板的"剃刀工具"按钮 ✎，播放到合适位置时将"剃刀工具"移至 V1 轨道的视频素材位置，单击即可完成裁切，如图 11.2.6 所示。

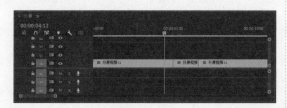

图11.2.6

06 将 V1 轨道的第 3 个视频片段移至 V2 轨道，将其和 V1 轨道的第 2 个片段的入点对齐，如图 11.2.7 所示。

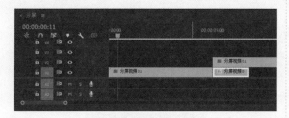

图11.2.7

07 选中"剃刀工具" ✎，在第 2 个片段的出点位置剪裁，使两个轨道的出点和入点完全对齐，如图 11.2.8 所示。

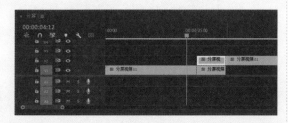

图11.2.8

08 将 V2 轨道的第 2 个视频片段移至 V3 轨道，将其和 V2 轨道的第 2 个素材片段的入点对齐，如图 11.2.9 所示。

图11.2.9

09 选中"剃刀工具" ✎，在 V2 轨道的第 2 段视频的出点位置使用"剃刀工具"剪裁 V3 轨道的视频素材，使 3 个轨道中的视频的出点和入点完全对齐，如图 11.2.10 所示。

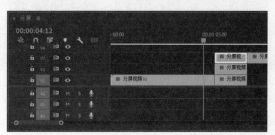

图11.2.10

10 调整视频素材的位置。选中"时间线"中 V2 轨道的第 2 个视频素材，找到"效果控件"面板中"运动"下的"位置"参数，设置为（301.0,405.0），如图 11.2.11 所示。

图11.2.11

11 选中"时间线"中 V3 轨道的素材，找到"效果控件"面板中"运动"下的"位置"参数，设置为（960.0,1417.0），如图 11.2.12 所示。

图11.2.12

12　选中"时间线"中V4轨道素材，找到"效果控件"面板中"运动"下的"位置"参数，设置为（2086.0,405.0），如图11.2.13所示。

图11.2.13

13　移动视频素材的位置。框选3个视频素材，并将其向上拖动一个轨道，分别放置在V2、V3、V4轨道中。将V3轨道的第2个视频素材拖至V1轨道，如图11.2.14所示。

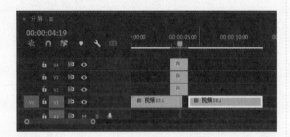

图11.2.14

14　添加视频特效。执行"窗口"→"效果"命令，打开"效果"面板，搜索"线性擦除"特效，如图11.2.15所示。

图11.2.15

15　分别为3段视频添加"线性擦除"特效。将"线性擦除"特效分别应用到3段素材中，如图11.2.16所示。

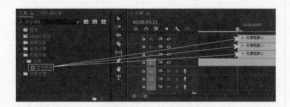

图11.2.16

16　设置修改线性擦除参数。选中V2轨道视频，在"效果控件"面板中找到"线性擦除"参数，设置"过渡完成"值为33%，"擦除角度"值为86.0°，如图11.2.17所示。

图11.2.17

17　选中V3轨道视频，在"效果控件"面板中找到"线性擦除"参数，设置"过渡完成"值为31%，"擦除角度"为117.0°，如图11.2.18所示，调整后的视频效果如图11.2.19和图11.2.20所示。

图11.2.18

图11.2.19　　　　　图11.2.20

18　选中V4轨道视频，在"效果控件"面板中找到"线性擦除"参数，设置"过渡完成"值为54%，"擦除角度"值为117.0°，如图11.2.21所示，调整后的效果如图11.2.22所示。

图11.2.21

图11.2.22

19　为视频入场添加运动效果。选中V2轨道视频，在"效果控件"面板中找到"运动"下的"位置"参数,将时间线播放到00:00:03:22,单击"位置"前的◎按钮即可设置关键帧,如图11.2.23所示。

图11.2.23

20 在时间线播放到00:00:04:03时,修改位置参数为(960.0,405.0),如图11.2.24所示。

图11.2.24

21 为V3视频轨道入场添加运动效果。选中V3轨道视频素材,执行"效果控件"→"运动"→"位置",将播放头指针调整到00:00:03:22,单击"位置"参数前的◎按钮即可设置关键帧,如图11.2.25所示。

图11.2.25

22 将播放头指针调整到00:00:04:03,修改"位置"参数为(1326.0,405.0),如图11.2.26所示。

图11.2.26

23 添加关键帧后即可看到视频的运动效果,如图11.2.27所示。

图11.2.27

24 为了使视频转场特效更加自然,可以为视频添加适当的转场特效。执行"窗口"→"效果"命令,打开"效果"面板,搜索"交叉溶解"效果,如图11.2.28所示。

图11.2.28

25 将"交叉溶解"效果分别拖入3段视频中,如图11.2.29所示。设置完成后即可在监视器中看到3段视频交叉溶解的效果,如图11.2.30所示。

图11.2.29

图11.2.30

26 在"时间线"面板或"节目监视器"窗口中，将播放头指针定位在需要开始预览的位置，然后单击"节目监视器"窗口中的"播放/停止切换"按钮▶或按空格键，对编辑完成的影片

进行预览，如图 11.2.31 所示。

图11.2.31

27 执行"文件"→"保存"命令或按快捷键 Ctrl+S，对编辑好的文件进行保存。

11.3 文字遮罩片头

文字的编辑是 Premiere Pro 的一项基本功能，用于在项目中添加提示文字、标题文字等信息元素，不仅可以更完整地展现相关视频内容，还可以起到美化画面、表现创意的作用，如图 11.3.1 所示，本例的具体的操作步骤如下。

图11.3.1

01 启动 Premiere Pro 2022，单击"新建项目"按钮，在弹出的"新建项目"对话框中，输入项目名称为"遮罩"，单击"位置"后面的"浏览"按钮，在弹出的对话框中设置项目的存储位置，单击"确定"按钮，如图 11.3.2 所示。

02 导入视频素材。将"文字遮罩视频 01.mp4"文件拖入"项目"面板，如图 11.3.3 所示。

03 快捷新建合成。从"项目"面板中将"文字遮罩视频 01.mp4"素材拖至"时间线"面板中即可快捷创建和序列尺寸匹配的合成，如图 11.3.4 所示。

图11.3.2

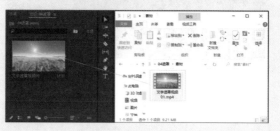

图11.3.3

图11.3.4

04 重命名合成。打开"项目"面板，选中"文字遮罩视频"并右击，在弹出的快捷菜单中选择"重命名"选项，将合成名称修改为"文字遮罩"，如图 11.3.5 所示。

图11.3.5

05 复制视频素材。将视频素材的入点对齐到时间线的初始位置。按住 Alt 键，拖动 V1 轨道中素材至 V2 轨道，即可复制该素材，如图 11.3.6 所示。

图11.3.6

06 打开"工具"面板，选择"文字工具" T，在监视器窗口中输入 Premiere 文字，如图 11.3.7 所示。

图11.3.7

07 调整文字样式。打开"效果控件"面板，设置"源文本"为 Gotham，大小为 350，选中"填充"复选框，如图 11.3.8 所示。

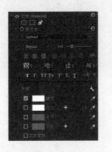

图11.3.8

08 在"时间线"面板中，将文字图层轨道延长到与素材时长相同，使视频和文字的出点对齐。将鼠标指针移至文字剪辑的后面，按住鼠标左键并向右拖动，将字幕剪辑的出点与 V2 轨道中的视频出点位置对齐，如图 11.3.9 所示。

图11.3.9

09　添加轨道遮罩特效。执行"窗口"→"效果"命令，打开"效果"面板，搜索"轨道遮罩"，如图 11.3.10 所示。

图11.3.10

10　将"轨道遮罩"特效拖至 V2 轨道的素材上，为视频素材添加该特效，如图 11.3.11 所示。

图11.3.11

11　选中 V2 轨道中的视频素材，执行"窗口"→"效果控件"命令，打开"效果控件"面板，其中会显示相关属性。设置"遮罩"为"视频 3"，"合成方式"为"Alpha 遮罩"，如图 11.3.12 和图 11.3.13 所示。

图11.3.12　　　　图11.3.13

12　为背景视频添加"高斯模糊"效果。打开"效果"面板，搜索"高斯模糊"，如图 11.3.14 所示。

13　将"高斯模糊"效果拖至时间线 V1 轨道的素材上，为其添加"高斯模糊"效果，如图 11.3.15 所示。

14　选中 V1 轨道的视频素材，打开"效果控件"面板调整参数。设置"模糊度"值为 400.0，"模糊尺寸"为"水平和垂直"如图 11.3.16 所示，视频效果如图 11.3.17 所示。

图11.3.14

图11.3.15

图11.3.16　　　　图11.3.17

15　制作将文字由实底渐变为透明的转场特效。按住 Alt 键，将 V3 文字图层拖至 V4 轨道，复制一个文字图层，如图 11.3.18 和图 11.3.19 所示。

图11.3.18

16　视频前半部分文字为白色实底，后半部分将变为透明。向时间线起点方向拖动 V4 轨道的文字素材的出点，调整其持续时间，如图 11.3.20 所示，具体效果如图 11.3.21 和图 11.3.22 所示。

图11.3.19

图11.3.20

图11.3.21

图11.3.22

17 添加视频转场特效使合成更自然。在"效果"
面板中搜索"交叉溶解",如图 11.3.23 所示。

图11.3.23

18 将"交叉溶解"效果拖至 V4 轨道的文字素材
尾部,如图 11.3.24 所示。

图11.3.24

19 在"交叉溶解"的时间段,文字会从白色逐渐
变成透明,如图 11.3.25 和图 11.3.26 所示。

图11.3.25

图11.3.26

20 选择合适的时间点为视频添加适当的动画效
果。选中 V3 轨道中的文字素材,单击■按
钮,此时右侧会出现相应的关键帧,播放到
合适位置放大文字素材,将"缩放"值调整
到 5219.0,最终确保视频画面能够完全显示,
如图 11.3.27 和图 11.3.28 所示,具体效果如图
11.3.29 和图 11.3.30 所示。

图11.3.27

图11.3.28

图11.3.29

图11.3.30

21　播放时间线即可查看文字从白色实底变为透明，最后文字逐渐放大至画面完全显示的效果，

如图 11.3.31 和图 11.3.32 所示。

图11.3.31

图11.3.32

22　执行"文件"→"保存"命令或按快捷键 Ctrl+S，保存编辑好的项目文件。

11.4　高级轨道遮罩片头

恰当地设计文字素材，并配合某些过渡特效的特殊动画效果，可以编辑出富有创意的影片内容。本例将利用转场特效制作轨道遮罩片头，这种片头常用于表现影视的开场效果，如图 11.4.1 和图 11.4.2 所示，具体的操作步骤如下。

图11.4.1

图11.4.2

01　启动 Premiere Pro 2022，单击"新建项目"按钮，在弹出的"新建项目"对话框中，输入项目名称为"高级遮罩"，并单击"位置"后面的"浏览"按钮，在弹出的对话框中设置项目的存储位置，单击"确定"按钮，如图 11.4.3 所示。

图11.4.3

02　导入视频素材。将视频素材文件直接拖至"项目"面板中，如图 11.4.4 所示。

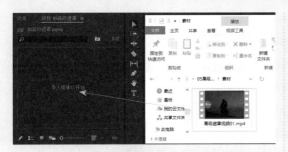

图11.4.4

03　新建合成。直接将"高级遮罩视频01.mp4"
　　视频素材拖入"时间线"面板的V1轨道中，
　　软件快速创建和视频素材尺寸相同的合成，如
　　图11.4.5所示。

图11.4.5

04　重命名合成。打开"项目"面板，选中"高级
　　遮罩视频01"合成并右击，在弹出的快捷菜单
　　中选择"重命名"选项，将合成名称修改为"高
　　级遮罩"，如图11.4.6所示。

图11.4.6

05　打开"工具"面板，使用"文字工具" T 在监
　　视器窗口的适当位置输入Premiere文字，如图
　　11.4.7所示。

06　打开"工具"面板，使选中"剃刀工具" ◢，
　　对V1视频轨道中的素材进行剪裁，剪裁的前

半部分将配合文字遮罩效果，后半部分则是转
场后的画面，如图11.4.8所示。

图11.4.7

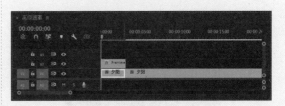

图11.4.8

07　为视频添加效果。执行"窗口"→"效果"命令，
　　打开"效果"面板，并搜索"轨道遮罩"效果，
　　如图11.4.9所示。

图11.4.9

08　将"轨道遮罩键"效果拖至V1轨道中，将效
　　果应用到V1轨道的第一段视频素材上，如图
　　11.4.10所示。

图11.4.10

09 选中 V1 轨道的第一段视频素材，执行"窗口"→"效果控件"命令，打开"效果控件"面板，并对参数进行修改，将"遮罩"设置为"视频2"，"合成方式"设置为"Alpha 遮罩"，如图 11.4.11 所示，视频效果如图 11.4.12 所示。

图11.4.11

图11.4.12

10 新建纯色层，覆盖在文字图层上制作文字逐渐出现的效果。在"项目"面板的空白处右击，在弹出的快捷菜单中选择"新建项目"→"颜色遮罩"选项，弹出"新建颜色遮罩"对话框，单击"确定"按钮，如图 11.4.13 所示。

图11.4.13

11 在弹出的"拾色器"对话框中选择黑色，如图 11.4.14 所示。

图11.4.14

12 在弹出的"选择名称"对话框中设置名称后，单击"确定"按钮，如图 11.4.15 所示。

13 在"项目"面板中出现相应的颜色遮罩素材，如图 11.4.16 所示。

图11.4.15　　　　图11.4.16

14 将该颜色遮罩素材拖入"时间线"面板的 V3 轨道。将鼠标指针移至颜色遮罩右侧继续向右拖动，使其出点和入点和 V2 轨道中的视频素材对齐，如图 11.4.17 所示。

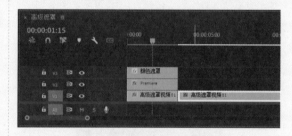

图11.4.17

15 设置关键帧动画完成文字出场效果。选中颜色遮罩轨道，在"效果控件"面板中找到"运动"下的"位置"参数，在起始位置单击 按钮，将其被激活变为蓝色，此时"位置"值为（960.0,540.0），如图 11.4.18 所示。

图11.4.18

16 当视频播放到合适位置时，修改"位置"值为（2982.0,540.0），创建第2个关键帧，如图11.4.19所示。

图11.4.19

17 播放视频即可看到 Premiere 文字从左到右逐渐显示的效果，如图 11.4.20 和图 11.4.21 所示。

图11.4.20

图11.4.21

18 选中 V2 轨道中的文字素材，为文字位置属性添加关键帧并设置动画效果。在"效果控件"面板中找到"矢量运动"下的"位置"参数，在合适位置单击 ◎ 按钮，将其激活变为蓝色，设置第1个关键帧的"位置"值为（960.0,540.0），如图 11.4.22 所示。

19 选中 V2 轨道中的文字素材，在视频播放到相应位置后，设置第2个关键帧，"位置"值为（1265.0,540.0），如图 11.4.23 所示。

图11.4.22

图11.4.23

20 按空格键播放视频，即可看到监视器窗口中的文字遮罩从中间位置移至指定位置，如图11.4.24 和图 11.4.25 所示。

图11.4.24

图11.4.25

21 复制文字图层以制作文字逐渐由透明变成白色实底的效果。按住 Alt 键拖动文字素材至 V3 轨道进行复制，如图 11.4.26 所示。

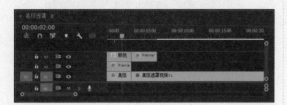

图11.4.26

22 选中 V3 轨道中的文字素材，在"效果控件"面板中找到"矢量运动"参数，单击"位置"参数前的■按钮，将其关键帧删除，如图 11.4.27 所示。

图11.4.27

23 将"位置"值设置为文字最后移动的位置（1265.0,540.0），此时文字图层会由遮罩转为纯色，如图 11.4.28 和图 11.4.29 所示。

图11.4.28

图11.4.29

24 播放视频，可以在合适位置为其"缩放""位置""旋转"值添加关键帧，制作合适的文字动画。选中 V2 轨道中的 Premiere 文字素材，

在"效果控件"面板中找到"矢量运动"下的"缩放"参数，单击■按钮，并设置其"缩放"值为 100.0，如图 11.4.30 所示。

图11.4.30

25 选中 V2 轨道中的 Premiere 文字素材，在"效果控件"面板中找到"矢量运动"参数，在第 2 个关键帧处单击"旋转""位置""缩放"前的■按钮，设置其"缩放"值为 555.0，"位置"为（1265.0,540.0），"旋转"值为 0.0，如图 11.4.31 所示。

图11.4.31

26 选中 V2 轨道中的 Premiere 文字素材，在"效果控件"面板中找到"矢量运动"参数，在第 3 个关键帧处设置其"缩放"值为 1708.0，"位置"为（1644.0,1551.0），"旋转"值为 90.0°，如图 11.4.32 所示。

图11.4.32

27 选中 V2 轨道中的 Premiere 文字素材，在"效

果控件"面板中找到"矢量运动"参数，在第
3个关键帧处设置其"缩放"值为3284.0，"位
置"为（2193.0,2425.0），如图11.4.33所示。

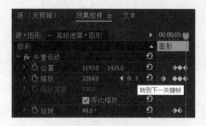

图11.4.33

28 打开"工具"面板，选中"剃刀工具" ，在
V3轨道的文字素材出点处单击，将V1轨道的
视频素材剪裁为合适的长度，如图11.4.34所示。

图11.4.34

29 选中V1轨道中的第2段视频素材，向上拖动
移至V2轨道，使其出点和入点与V3轨道中
的文字素材对齐，如图11.4.35所示。

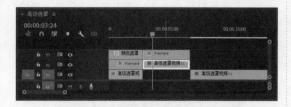

图11.4.35

30 制作视频蒙版过渡。选中V1轨道中的第2段
视频素材并向左拖动，如图11.4.36所示。

图11.4.36

31 选中V2轨道中视频剪裁的片段，将播放头指
针停在文字旋转前的位置，找到"效果预设"
中的"不透明度"选项，单击 按钮，在监视
器面板中绘制合适的图层蒙版，如图11.4.37
和图11.4.38所示。

图11.4.37

图11.4.38

32 绘制完成后，为蒙版设置关键帧。伴随着文字
的动画调整"蒙版路径"和"蒙版扩展"的关
键帧，使其蒙版运动能够适应文字动画，直至
画面完全显示。在"效果控件"面板的"不透
明度"下的"蒙版"选项中，单击"蒙版路径"
和"蒙版扩展"前的 按钮，播放时间线根据
蒙版运动不断调整"蒙版扩展"的数值，数值
越大蒙版范围越大，如图11.4.39和图11.4.40
所示。

图11.4.39

33 在"效果控件"面板中找到"不透明度"下的
"蒙版"参数，单击"蒙版路径"前的 按钮，
播放时间线根据蒙版运动不断调整"蒙版路径"
的形状，如图11.4.41和图11.4.42所示。

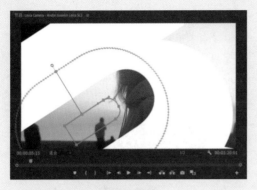

图11.4.40

图11.4.41

图11.4.42

34 在完成文字遮罩转场后，还可以在后续片段中
添加文字动画。选中"文字工具"在视频适合
位置输入相应文字，并根据喜好在"基本图形"
面板中设置字符样式，为其添加阴影、描边等
效果，如图 11.4.43 和图 11.4.44 所示。

图11.4.43

图11.4.44

35 为了使视频效果更加丰富，可以为文字设置关
键帧动画。打开"效果预设"面板，为其"位
置""大小""旋转"等参数添加关键帧。选
中 V2 轨道的 Made By Premiere 文字素材，在"效
果控件"面板中找到"矢量运动"属性，在第
1 个关键帧位置单击"位置"和"缩放"前的
⬤按钮，设置其"缩放"值为 100.0，"位置"
为（-254.0,540.0），如图 11.4.45 所示。

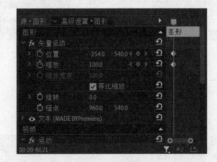

图11.4.45

36 选中 V2 轨道的 Made By Premiere 文字素材，
在"效果控件"面板中找到"矢量运动"属性，
单击"缩放"前的⬤按钮，设置其"缩放"值

为 119.0，如图 11.4.46 所示。

图11.4.46

37　选中 V2 轨道的 Made By Premiere 文字素材，在"效果控件"面板中找到"矢量运动"属性，设置"缩放"值为88.0，"位置"为（1133.0,540.0），如图 11.4.47 所示。

图11.4.47

11.5　综合案例

　　影视栏目片头的制作，通常需要根据栏目内容的特点来设计影像动画效果。只要恰当的创意表现，贴合栏目的主题与特色，并不需要运用复杂的特效，即可制作出优秀的片头作品，如图 11.5.1 和图 11.5.2 所示，本例具体的操作步骤如下。

图11.5.1

图11.5.2

38　为了使动画更加流畅，可以框选所有关键帧并右击，在弹出的快捷菜单中选择"临时插值"→"贝塞尔曲线"选项，如图 11.4.48 和图 11.4.49 所示。

图11.4.48

图11.4.49

39　执行"文件"→"保存"命令或按快捷键 Ctrl+S，保存编辑好的项目文件。

01　启动 Premiere Pro 2022，单击"新建项目"按钮。在弹出的"新建项目"对话框中，输入项目名称为"综合案例"，并单击"位置"后面的"浏览"按钮，在弹出的对话框中设置项目的存储位置，单击"确定"按钮，如图 11.5.3 所示。

图11.5.3

02 导入素材。在"项目"窗口的空白处双击，弹出"导入"对话框，选择素材视频文件并导入。也可以将"综合案例视频 01.mp4""综合案例视频 – 元素 01.mov""综合案例视频 – 元素 02.mov""综合案例视频 – 元素 03.mov""综合案例视频 – 元素 04.mov""综合案例视频 – 元素 05.mov""综合案例视频 – 元素 06.mov""综合案例视频 – 元素 07.mov""综合案例视频 – 元素 08.mov""综合案例视频 – 元素 09.mov""综合案例视频 – 元素 10.mov""综合案例视频 – 元素 11.mov""综合案例视频 – 元素 12.mov""综合案例视频 – 元素 13.mov""综合案例视频 – 元素 14.mov"文件直接拖入"项目"面板中，如图 11.5.4 所示。

图11.5.4

03 将"综合案例视频 – 材质背景.mov"素材拖入"时间线"面板中，为项目创建和背景素材尺寸相同的"综合案例视频 – 材质背景"合成，如图 11.5.5 所示。

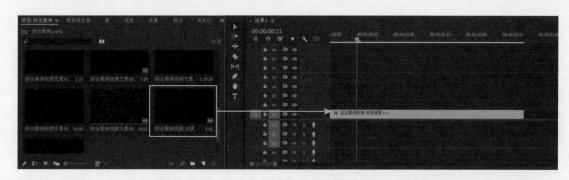

图11.5.5

04 执行"窗口"→"项目"命令，打开"项目"面板，选中"综合案例视频 – 材质背景"合成并右击，在弹出的快捷菜单中选择"重命名"选项，将合成名称改为"场景 1"，如图 11.5.6 所示。

图11.5.6

264

05 选中"项目"面板中的"综合案例视频 01.mp4"视频素材，拖入"时间线"的 V2 轨道中，如图 11.5.7 所示。

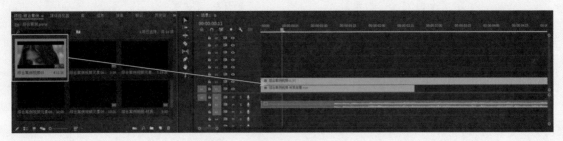

图11.5.7

06 项目中需要重复利用到该视频素材，所以可以重复以上操作，复制轨道或直接按住 Alt 键拖动 V2 轨道的视频素材至 V3 轨道，如图 11.5.8 所示。

07 为了画面美观可以适当剪裁视频。执行"窗口"→"效果"命令，打开"效果"面板，搜索"裁剪"，如图 11.5.9 所示。

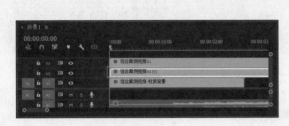

图11.5.8

图11.5.9

08 将"裁剪"效果拖至 V2 轨道的视频素材上，如图 11.5.10 所示。

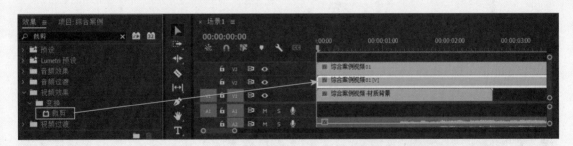

图11.5.10

09 选中 V2 轨道，在"效果控件"面板中找到"裁剪"参数，设置"左侧"值为 40.0%，"顶部"值为 15.0%，"右侧"值为 20.0%，"底部"值为 15.0%，如图 11.5.11 所示。

图11.5.11

10 选中 V2 轨道中的素材，在"效果控件"面板中找到"运动"参数，设置"位置"为（349.1,694.1），如图11.5.12所示。

动"参数，设置"旋转"值为180.0°，"位置"为（1626.2,256.4），将 V3 轨道的视频垂直翻转，如图11.5.14所示。

图11.5.12

图11.5.13　　　图11.5.14

11 选中 V3 轨道，在"效果控件"面板中找到"裁剪"参数，设置"左侧"值为40.0%，"顶部"值为15.0%，"右侧"值为20.0%，"底部"值为15.0%，如图11.5.13所示。

12 选中 V3 轨道，在"效果控件"面板中找到"运

13 为了使视频效果更加丰富，适当添加装饰性素材。选中 V2 和 V3 轨道中的"综合案例视频01"素材，将其向上拖至 V4 和 V5 轨道中，如图11.5.15所示。

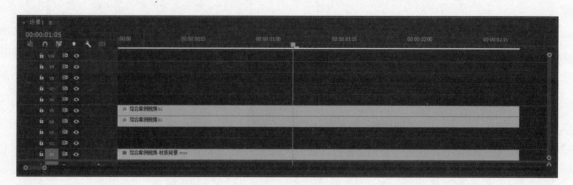

图11.5.15

14 执行"窗口"→"项目"命令，打开"项目"面板，将"综合案例视频－元素09.mov"素材拖至"场景1"时间线的 V2 轨道中，如图11.5.16所示。选中 V2 轨道中的"综合案例视频－元素09.mov"参数，在"效果控件"面板中找到"运动"参数，设置"位置"为（756.0,482.0），缩放值为69.0，如图11.5.17所示。

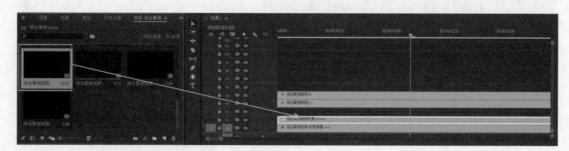

图11.5.16

图11.5.17

15 打开"项目"面板，将"综合案例视频－元素

07.mov"素材拖至"场景1"时间线的V3轨道中，如图 11.5.18 所示。选中"综合案例视频－元素07.mov"素材，在"效果控件"面板中找到"运动"参数，设置"位置"为（104.0,132.0），"缩放"值为 57.0，"旋转"值为 29.0°，如图 11.5.19 所示。

图11.5.18

图11.5.19

16 打开"项目"面板，将"综合案例视频－元素02.mov"素材拖至"场景1"时间线的V6轨道中，其位置参数保持默认即可，如图 11.5.20 所示。

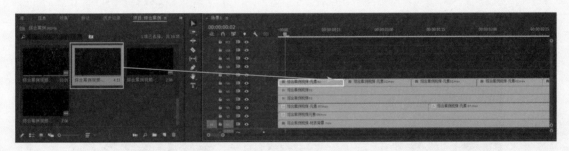

图11.5.20

17 打开"项目"面板，将"综合案例视频－元素 11.mov"素材拖至"场景 1"时间线的 V7 轨道中，如图 11.5.21 所示。选中"综合案例视频－元素 11.mov"素材，在"效果控件"面板中找到"运动"参数，调整"缩放"值为 112.0，如图 11.5.22 所示。

图11.5.21

图11.5.22

18 打开"项目"面板，将"综合案例视频－元素05.mov"素材拖至"场景1"时间线的V8轨道中，如图11.5.23所示。选中"综合案例视频－元素05.mov"素材，在"效果控件"面板中找到"混合模式"，并调整为"滤色"，如图11.5.24所示。

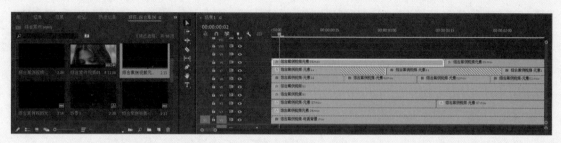

图11.5.23

图11.5.24

19 采用相同的方法将"综合案例视频－元素02.mov"和"综合案例视频－元素08.mov"色彩拖入时间线的V9、V10轨道中，参数保持默认即可。使用"剃刀工具" 将出入点修剪对齐，如图11.5.25所示。

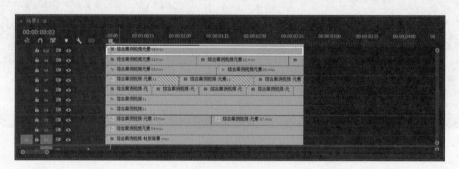

图11.5.25

20 按空格键，播放视频查看效果，如图11.5.26所示。

视频素材，为其"剪裁"效果设置关键帧。在"效果控件"面板中找到"裁剪"参数，在00:00:01:12时间点单击"顶部"的 按钮建立第1个关键帧，设置"顶部"值为100.0%，如图11.5.27所示。

图11.5.26

21 为视频内容增加出场效果。选中V2轨道中的

图11.5.27

22　调整时间线到 00:00:01:21，修改"顶部"值为15%，设置第 2 个关键帧，实现从外侧向内侧逐渐出现的效果，如图 11.5.28 所示。

图11.5.28

23　为视频增加适当的出场效果。选中 V3 轨道中的视频素材，为其"剪裁"效果设置关键帧。在"效果控件"面板中找到"裁剪"参数，在 00:00:01:12 时间点单击"顶部"的 按钮建立第 1 关键帧，设置"顶部"值为 100%，如图 11.5.29 所示。

图11.5.29

24　调整时间线到"00:00:01:21"，修改"顶部"值为 15.0%，设置第 2 关键帧，如图 11.5.30 所示。

图11.5.30

25　为了使动画效果更流畅、自然，可以框择关键帧并右击，在弹出的快捷菜单中选择"缓入"选项。此时视频素材会分别从视频下方和上方缓慢出现，如图 11.5.31 和图 11.5.32 所示。

图11.5.31　　　　图11.5.32

26　为视频添加更丰富的视频效果，可以为两段视频添加不同的颜色滤镜。选中 V2 轨道中的视频素材，执行"窗口"→"效果"命令，打开"效果"面板，搜索"黑白"效果并双击添加，如图 11.5.33 所示。

图11.5.33

27　选中 V3 轨道中的视频素材，执行"窗口"→"效果"命令，打开"效果"面板，找到"Lemetri 颜色"效果并双击使用，如图 11.5.34 所示。

图11.5.34

28　选中 V3 轨道中的视频素材，在"效果控件"面板中找到"Lemetri 颜色"参数，设置"色温"值为 267.0，"色彩"值为 61.0，"对比度"值为 96.0，"白色"值为 49.0，"黑色"值为 −150.0，"饱和度"值为 41.0，如图 11.5.35 所示。

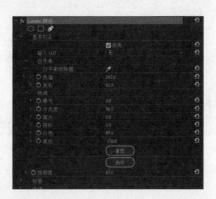

图11.5.35

29 播放视频查看效果，如图11.5.36所示。

图11.5.36

30 添加文字动画。使用"文字工具" T ，在监视器面板中的适当位置输入Made by文本。在"效果控件"面板中找到"文本"参数，将"源文本"设置为Impact，大小设置为100，选中"填充"复选框，如图11.5.37所示。

图11.5.37

31 添加文字动画。使用"文字工具" T ，在监视器面板中的适当位置输入Premiere文本。在"效果控件"面板中找到"文本"参数，将"源文本"设置为Impact，大小设置为100，选中"描边"复选框，如图11.5.38所示，效果如图11.5.39所示。

图11.5.38

图11.5.39

32 在"时间线"面板中调整文字素材的位置，使其出点与V1轨道出点对齐。可以将鼠标移动至文字素材尾部进行拖曳，或者直接使用"剃刀工具"在V1轨道出点位置单击，如图11.5.40所示。

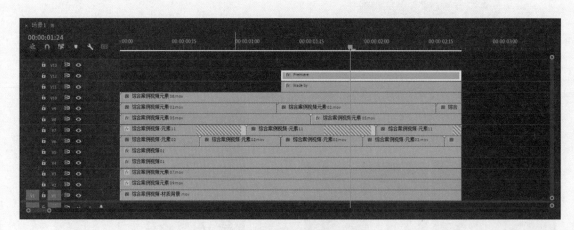

图11.5.40

33 为了更加生动的画面效果，为文字轨道添加动画效果，使其第一帧在画面外，最后一帧在画面内。选中V8轨道的文字素材，在"效果控件"面板中找到"矢量运动"下的"位置"参数，在00:00:01:08时间点单击"位置"的 按钮，第1个关键帧的"位置"为（1804.0,540.0），如图11.5.41所示。

图11.5.41

34 在 00:00:01:21 时间点修改"位置"为（890.0,540.0），如图 11.5.42 所示。

图11.5.42

35 选中 V9 轨道中的文字素材，在"效果控件"面板中找到"矢量运动"下的"位置"参数，在 00:00:01:08 时间点单击"位置"参数前的 🕙 按钮，第 1 个关键帧的"位置"为（1804.0,540.0），如图 11.5.43 所示。

图11.5.43

36 在 00:00:01:21 时间点修改"位置"为（960.0,540.0），如图 11.5.44 所示。

图11.5.44

37 为了使动画效果更流畅、自然，可以框择关键帧并右击，在弹出的快捷菜单中选择"临时插值"→"贝塞尔曲线"选项，如图 11.5.45 所示。

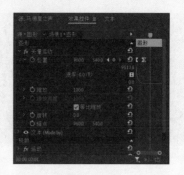

图11.5.45

38 调整运动速度曲线。单击"位置"前的 按钮，展开其位置曲线，并对曲线进行调整，如图 11.5.46 所示。

图11.5.46

39 最终画面效果如图 11.5.47 所示。

图11.5.47

40 接下来进入下一个场景的制作。单击 场景 1 前的 按钮即可将该项目关闭，如图 11.5.48 所示。

图11.5.48

41 执行"窗口"→"项目"命令，打开"项目"面板，将"综合案例视频 – 材质背景 .mov"素材拖入"时间线"面板，如图 11.5.49 所示，新建"综合案例视频 – 材质背景"合成。

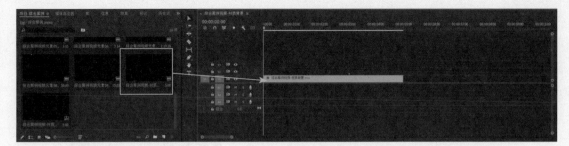

图11.5.49

42　重命名合成。打开"项目"面板，选中"综合案例视频－材质背景"合成，右击并在弹出的快捷菜单中选择"重命名"选项，将其重命名为"场景2"，如图 11.5.50 所示。

43　打开"项目"面板，将视频素材"综合案例视频 01.mp4"拖入时间线的 V2 轨道，如图 11.5.51 所示。

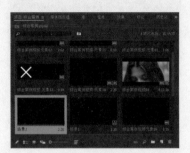

图11.5.50

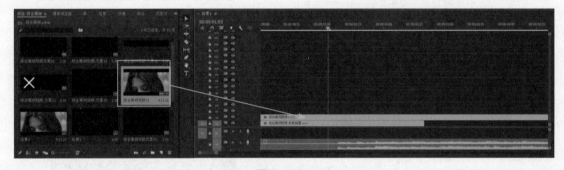

图11.5.51

44　使用"剃刀工具" ，在 V1 轨道中的视频素材出点位置剪裁视频素材。单击 Delete 键，将 V2 轨道视频的后半部分删除，如图 11.5.52 所示。

图11.5.52

45　调整 V2 轨道中素材的位置及大小。选中 V2 轨道的视频素材，打开"效果预设"面板，将其"缩放"值设置为 115.0，"位置"为（1316.0,540.0），如图 11.5.53 所示。

图11.5.53

46　选中 V2 轨道的视频素材，执行"窗口"→"效果"命令，打开"效果"面板，搜索"裁剪"

效果，双击"裁剪"效果应用在V2轨道的视频素材上，如图11.5.54所示。

图11.5.54

47 裁剪视频尺寸。选中V2轨道的视频素材，在"效果预设"面板中找到"裁剪"参数，设置"左侧"值为15.0%，"顶部"值为15.0%，"右侧"值为15.0%，"底部"值为15.0%，如图11.5.55所示。

图11.5.55

48 为视频添加颜色滤镜。选中V2视频素材，打开"效果"面板，找到"Lemetri颜色"效果，如图11.5.56所示，双击将其应用到V2视频轨道的素材上。

图11.5.56

49 选中V2轨道的视频素材，在"效果控件"面板中找到"Lemetri颜色"下的"基本校正"参数，设置"色温"值为71.0，"色彩"值为233.0，"对比度"值为35.0，"饱和度"值为63.0，如图11.5.57所示。

图11.5.57

50 选择"文字工具" T，在监视器面板中输入Premiere文本，如图11.5.58所示。

图11.5.58

51 选中V3轨道的文字素材，执行"窗口"→"基本图形"命令，打开"基本图形"面板，将字体设置为Impact，文字大小为150，如图11.5.59所示。

图11.5.59

52 将字体设置为描边文字。在"外观"参数区取消选中"填充"复选框，选中"描边"复选框，将其参数设置为2.0，如图11.5.60所示。

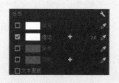

图11.5.60

53 复制文字图层。按住 Alt 键，将 V3 轨道中的文字素材拖入 V4、V5 和 V6 轨道中复制 3 个图层，并合理设置 V3、V4、V5、V6，这 4 个文本图层的位置，如图 11.5.61 所示。

图11.5.61

54 将 V6 轨道中的素材上移至 V9 轨道，将 V5 轨道中的素材上移至 V7 轨道，将 V4 轨道中的素材上移至 V5 轨道，如图 11.5.62 所示。

图11.5.62

55 制作填充文字和描边文字交错出现的动画。按住 Alt 键，将 V3 轨道的文字素材拖至 V4 轨道，如图 11.5.63 所示。

图11.5.63

56 按住 Alt 键，将 V5 轨道的文字素材拖至 V6 轨道，如图 11.5.64 所示。

57 按住 Alt 键，将 V7 轨道的文字素材拖至 V8 轨道，如图 11.5.65 所示。

58 按住 Alt 键，将 V9 轨道的文字素材拖至 V10 轨道，如图 11.5.66 所示。

图11.5.64

图11.5.65

图11.5.66

59 为了区分描边文字和填充文字，依次选中 V4、V6、V8、V10 轨道并右击，在弹出的快捷菜单中选择"重命名"选项，将 V4、V6、V8、V10 轨道重命名为"填充文字"，如图 11.5.67 所示。

图11.5.67

60 依次选中 V4、V6、V8、V10 轨道的文字素材，执行"窗口"→"基本图形"命令，打开"基本图形"面板，选中"填充"复选框，如图 11.5.68 所示，效果如图 11.5.69 所示。

图11.5.68

图11.5.70

图11.5.69

图11.5.71

61 为了制作出文字随机闪动的效果，将填充轨道和描边轨道交错分布。使用"剃刀工具" ![] 剪裁文字轨道长度，按Delete键将多余部分删除。在轨道中拖曳文字素材移动其位置，如图11.5.70所示。

62 为了使文字闪动效果更加丰富，可以复制填充文字。按住Alt键拖动文字素材即可完成复制，可以按照喜好选择复制素材的个数，如图11.5.71所示。此时的画面效果如图11.5.72所示。

图11.5.72

63 为了使视频效果更加丰富，可以为项目导入更多的装饰性视频素材。执行"窗口"→"项目"命令，打开"项目"面板，将"综合案例视频－元素03.mov"素材拖至"场景2"V11轨道，素材参数保持默认即可，如图11.5.73所示。

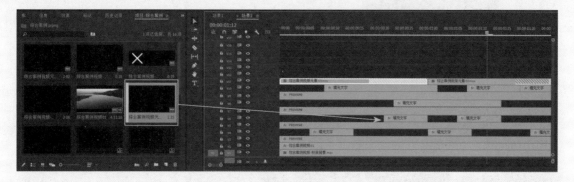

图11.5.73

64 将"综合案例视频－元素02.mov"素材拖至"场景2"的V12轨道。选中"综合案例视频－元素02.mov"素材，在"效果控件"窗口中找到"运动"参数，设置"位置"为（163.9,247.2），如图11.5.74所示，效果如图11.5.75所示。

第十一章 综合实例

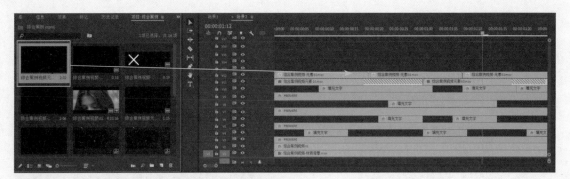

图11.5.74

图11.5.75

65　将"综合案例视频－元素06.mov"素材拖至"场景2"的V13轨道。选中V13轨道中的"综合案例视频－元素06.mov"素材，在"效果控件"窗口中找到"不透明度"参数，设置"混合模式"为"叠加"，如图11.5.76所示，效果如图11.5.77所示。

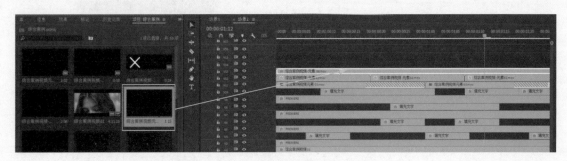

图11.5.76

图11.5.77

"场景2"V14轨道，如图11.5.78所示。选中"综合案例视频－元素09.mov"素材，在"效果控件"窗口中找到"运动"参数，设置"位置"为（－287.0,291.0），"缩放高度"值为55.0，"缩放宽度"值为62.0，如图11.5.79所示。

66　将"综合案例视频－元素09.mov"素材拖至

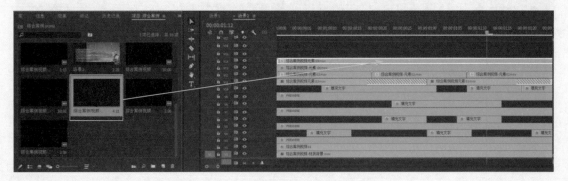

图11.5.78

图11.5.79

67 将"综合案例视频-元素14.mov"素材拖至"场景2"的V15轨道,如图11.5.80所示。选中"综合案例视频-元素14.mov"素材,在"效果控件"窗口中找到"运动"参数,设置"位置"为(-361.0,594.0),如图11.5.81所示。

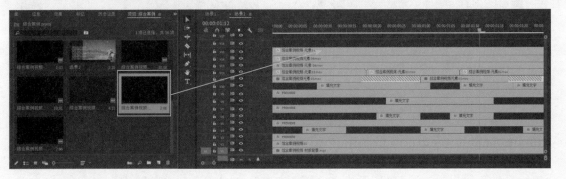

图11.5.80

图11.5.81

68 将"综合案例视频-元素13.mov"素材拖至"场景2"的V16轨道,如图11.5.82所示。选中"综合案例视频-元素13.mov"素材,在"效果控件"窗口中找到"运动"参数,设置"位置"为(1175.0,100.0),如图11.5.83所示。

图11.5.82

图11.5.83

69 使用"剃刀工具"在轨道出点位置剪裁,使轨道出点对齐,如图11.5.84所示。

图11.5.84

第二章 综合实例

70 查看最终效果，如图 11.5.85 所示。

图11.5.85

71 合并"场景 1"和"场景 2"。执行"文件"→"新建"→"序列"命令或按快捷键 Ctrl+N，弹出"新建序列"对话框，在"可用预设"列表中展开 DV-PAL 文件夹并选中"标准 48kHz"选项，"序列名称"设置为"场景"，如图 11.5.86 所示。展开"设置"选项卡，在"编辑模式"下拉列表中选择"自定义"选项，然后设置"时基"参数为 25.00 帧／秒。在"新建序列"对话框中单击"确定"按钮后，在"项目"窗口中即可查看到新建的序列，如图 11.5.87 所示。

图11.5.86

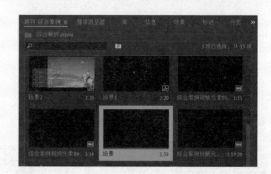

图11.5.87

72 将"场景 1"和"场景 2"合并至合成"场景"中。双击"项目"面板中的"场景"合成。将"场景 1"拖至"场景"的时间线中，如图 11.5.88 所示。释放鼠标即会弹出"剪辑不匹配警告"对话框，单击"更改序列设置"按钮，如图 11.5.89 所示。

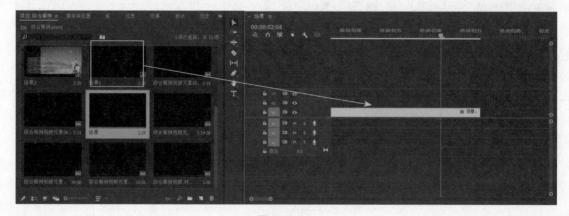

图11.5.88

图11.5.89

73 导入"场景2"。将"项目"面板中的"场景2"拖至"场景"的时间线中,将"场景2"入点对齐到"场景1"的出点,如图11.5.90所示。

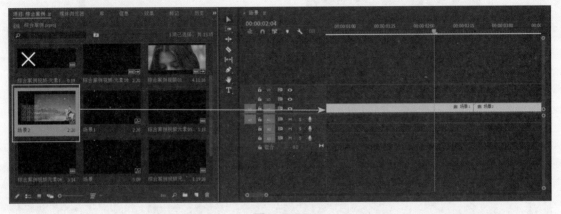

图11.5.90

74 在"时间线"面板或"节目监视器"窗口中,将播放头指针定位在需要开始预览的位置,然后单击"节目监视器"窗口中的"播放停止/切换"按钮▶或按空格键,对编辑完成的影片进行预览,如图11.5.91和图11.5.92所示。

75 执行"文件"→"保存"命令或按快捷键

Ctrl+S,保存编辑好的项目文件。

图11.5.91   图11.5.92

11.6 VR 视频

伴随着科技的发展,视频的可观看角度也不再单一,我们可以在很多视频网站或社交平台上看到一些全景视频,可以随心所欲地360°观看视频内容。本例将剪辑、制作一段VR影像,通过将VR视频、字幕和音乐和谐搭配,产生有趣的视觉效果。

01 单击"新建项目"按钮,在弹出的"新建项目"对话框中,输入项目名称为"VR视频",并单击"位置"后面的"浏览"按钮,在弹出的对话框中设置项目的存储位置,单击"确定"按钮,如图11.6.1所示。

图11.6.1

02 将 3 个 VR 视频素材文件选中，直接拖入"项目"面板中，如图 11.6.2 所示。

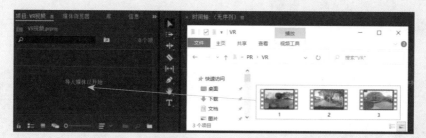

图11.6.2

03 将 3 段 VR 视频素材 1.mp4、2.mp4、3.mp4 分别拖至"时间线"面板中，如图 11.6.3 所示。

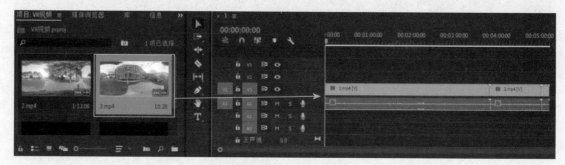

图11.6.3

04 在开始剪辑之前，首先要使视频可以在剪辑过程中呈现 360°播放效果。选中"时间线"上的视频素材，执行"剪辑"→"修改"→"解释素材"命令，如图 11.6.4 所示。

图11.6.4

05 在弹出的"解释素材"对话框中的"VR 属性"选项区中，选中"符合"单选按钮，在"投影"下拉列表中选择"球面投影"选项，然后在"布局"下拉列表中选择"单像"选项，如图 11.6.5 所示。

06 此时，在"节目"面板中显示的图像，如图 11.6.6 所示，按住鼠标左键可以左右或上下拖动，查看视频的各个角度。

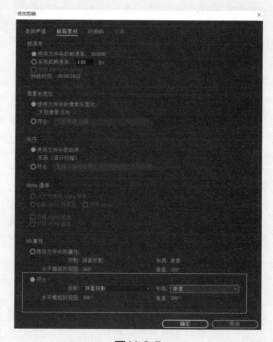

图11.6.5

图11.6.6

07 为了更方便观测 VR 视频里的内容，可以再添加一个完整的视角选项。在"节目监视器"面板中单击➕按钮，如图 11.6.7 所示。

图11.6.7

08 在打开的"按钮编辑器"面板中，长按➡图标，将其拖至"节目监视器"面板中，然后单击"确定"按钮，如图 11.6.8 所示。

图11.6.8

09 此时可以看到节目监视器下方多出了一个➡按钮，如图 11.6.9 所示。

图11.6.9

10 此时，再单击➡按钮就可以切换不同的视角了，如图 11.6.10 和图 11.6.11 所示。

图11.6.10　　　　　图11.6.11

11 在"时间线"面板中选中 1.mp4 视频素材，右击，并在弹出的快捷菜单中选择"速度 / 持续时间"选项，如图 11.6.12 所示。

图11.6.12

12 在弹出的"剪辑速度 / 持续时间"面板中，将"速度"值改为 200%，如图 11.6.13 所示。

图11.6.13

13 选中时间线中的空白部分，按 Delete 键，将中间的空白部分删除，如图 11.6.14 所示。

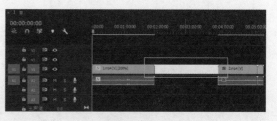

图11.6.14

第十一章　综合实例

14　在"项目"面板中单击▣按钮，在弹出的菜单中选择"调整图层"选项，如图 11.6.15 所示。

图11.6.15

15　在弹出的"调整图层"对话框中，单击"确定"按钮，如图 11.6.16 所示。

图11.6.16

16　将"项目"面板中的调整图层拖至"时间线"面板的 V2 轨道中，如图 11.6.17 所示。

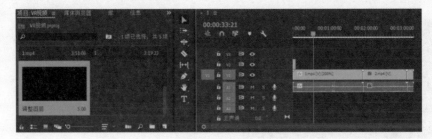

图11.6.17

17　选中 V2 轨道中的调整图层，右击，在弹出的快捷菜单中选择"速度／持续时间"选项，如图 11.6.18 所示。

18　在弹出的"剪辑速度／持续时间"对话框中，将"持续时间"更改为 00:03:19:23，单击"确定"按钮，如图 11.6.19 所示。

19　此时的"时间线"面板，如图 11.6.20 所示。

图11.6.20

20　在"效果"面板中搜索"亮度与对比度"，将其拖至 V2 轨道的调整图层上，如图 11.6.21 所示。

图11.6.18

图11.6.19

图11.6.21

21 在"效果控件"面板中,将"亮度与对比度"下的"对比度"值改为15.0,如图11.6.22所示。

22 在"效果"面板中搜索"Lumetri 颜色",将其拖至V2轨道的调整图层上,如图11.6.23所示。

图11.6.22

图11.6.23

23 在"效果控件"面板中找到"Lumetri 颜色"参数,在"基本校正"的"白平衡"下,修改"色温"值为−21.4,如图11.6.24所示。

图11.6.24

24 在"效果控件"面板中找到"Lumetri 颜色"参数,在"基本校正"中修改"饱和度"值为106.5,如图11.6.25所示。

图11.6.25

25 在"效果控件"面板中找到"Lumetri 颜色"参数,在"RGB 曲线"中,将控制白色部分的曲线设置为如图11.6.26所示的状态。

26 在"RGB 曲线"中,将控制红色部分的曲线设置为如图11.6.27所示的状态。

图11.6.26 图11.6.27

27 在"RGB 曲线"中,将控制蓝色部分的曲线设置为如图11.6.28所示的状态。

28 展开"晕影"参数,将"数量"值设置为−2.0,如图11.6.29所示。

图11.6.28 图11.6.29

29 在"效果控件"面板中搜索"VR 锐化",将其拖至"时间线"V1轨道中的1.mp4视频素材上,如图11.6.30所示。

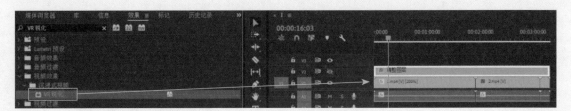

图11.6.30

30 在"效果控件"面板中找到"VR锐化"参数，选中"自动VR属性"复选框，将"锐化量"值设置为9，如图11.6.31所示。

图11.6.31

31 采用同样的方法，将2.mp4和3.mp4素材的"锐化量"值也设置为9。

32 此时视频中的画面已与原本视频中的画面有了一定的区别，如图11.6.32和图11.6.33所示。

图11.6.32　　　　图11.6.33

33 在"效果"面板中，选择"视频过渡"→"沉浸式视频"→"VR球形模糊"效果，将其拖至1.mp4与2.mp4视频素材中间的交界处，如图11.6.34所示。

图11.6.34

34 在"效果控件"面板中找到"VR球形模糊"参数，将"对齐"方式设置为"中心切入"，将"模糊强度"值设置为30，"曝光"值设置为30.00，如图11.6.35所示。

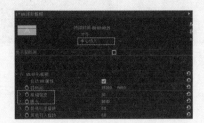

图11.6.35

35 此时的VR视频过渡效果，如图11.6.36和图11.6.37所示。

图11.6.36　　　　图11.6.37

36 在"效果"面板中，选择"视频过渡"→"沉浸式视频"→"VR默比乌斯缩放"效果，将其拖至2.mp4与3.mp4视频素材中间的交界处，如图11.6.38所示。

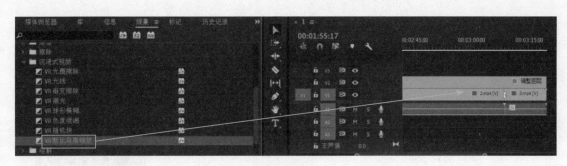

图11.6.38

37 在"效果控件"面板中可以看到"VR默比乌斯缩放"参数，将"对齐"方式设置为"中心切入"，将"缩小级别"值设置为15.00，"放大级别"值为15.00，"羽化"值为0.25，如图11.6.39所示。

图11.6.39

38 此时的VR视频转场特效，如图11.6.40所示。

39 选中1.mp4、2.mp4和3.mp4视频素材，右击，在弹出的快捷菜单中选择"音频增益"选项，

如图11.6.41所示。

图11.6.40　　　　图11.6.41

40 在弹出的"音频增益"对话框中，将"调整增益值"改为−80，如图11.6.42所示。

图11.6.42

41 选择一段合适的音乐，将其拖至"时间线"中的A2轨道上，如图11.6.43所示。

图11.6.43

42 选中A2轨道上的音频素材，右击，在弹出的快捷菜单中选择"音频增益"选项，如图11.6.44所示。

43 在弹出的"音频增益"对话框中，将"调整增益值"改为−8，单击"确定"按钮，如图11.6.45所示。

图11.6.44　　　　图11.6.45

44 在"节目监视器"中单击▶按钮，观看制作

第11章　综合实例

完成的 VR 视频，如图 11.6.46 所示。

图11.6.46

45 检查无误后，即可输出制作好的 VR 视频。执行"文件"→"导出"→"媒体"命令，如图 11.6.47 所示。

46 在弹出的"导出设置"对话框中，将"格式"设置为 H.264，以便于上传至视频类的网站进行分享。将"输出名称"设置为"VR 视频

".mp4"，选择合适的输出位置，如图 11.6.48 所示。

图11.6.47

图11.6.48

47 检查输出设置无误后，单击"导出"按钮，此时可以看到一个正在导出的进度条，如图 11.6.49 所示。

图11.6.49

48 VR 视频剪辑完成后，可以上传到视频分享类网站，此处以年轻人居多的网站"哔哩哔哩"网站为例进行。使用计算机打开哔哩哔哩网站，登录账户，在网页顶部单击"投稿"按钮，如图 11.6.50 所示。

图11.6.50

49 单击左上方的"视频投稿"按钮，再单击"上传视频"按钮，如图11.6.51所示。

图11.6.51

50 双击"VR视频.mp4"视频文件即可，此时可以看到一个正在上传的进度条，如图11.6.52所示。

图11.6.52

51 上传过程中，可以在页面中设置此视频稿件的一些基本信息，如封面、标题、分区等，如图11.6.53所示。

图11.6.53

52 为获取更多曝光，可以添加一些与视频相关的标签，参与一些网站的活动，如图11.6.54所示。

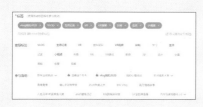

图11.6.54

53 在"简介"文本框中输入简单介绍视频主要内容的文字，如图11.6.55所示。

图11.6.55

54 检查完毕并确认视频的信息无误，单击"立刻投稿"按钮，如图11.6.56所示。

图11.6.56

55 此时可以看到稿件已经投稿成功，只需要等待网站工作人员的审核结果。单击"查看稿件"按钮，即可查看刚刚投稿的状态，如图11.6.57所示。

图11.6.57

56 审核完成后，可以使用移动端App观看制作完成的全景视频，如图11.6.58所示。

图11.6.58